FESSELNDE AUGENBLICKE DER JAGD

SZENEN DER DRÜCKJAGD

BURKHARD
WINSMANN-STEINS

FESSELNDE AUGENBLICKE DER JAGD

MIT TEXTEN VON
GERT G. VON HARLING

KOSMOS

GEWITZTE SAUEN

Gewitzte Sauen

Es hat das erste Mal in diesem Winter geschneit. Nicht sehr stark, die Bäume der hessischen Mittelgebirgslandschaft sind nur leicht überstäubt, aber die Anfahrt mit dem Auto wird bei Temperaturen von etwa Null Grad entsprechend mühselig.

Am Treffpunkt der Jäger wartet bereits ein Meer von roten und orangefarbenen Hutbändern, ein riesiges Aufgebot von über einhundertzwanzig Schützen. Gejagt wird lediglich mit Hunden, denn die Sauen wissen auch hier im Knüllwald von Jahr zu Jahr besser, sich den Nachstellungen von Jägern und Treibern listenreich zu entziehen, sie haben in den letzten Jahren „dazugelernt".

„Nur allein mit erfahrenen Treibern lassen sie sich schon lange nicht mehr aus den Dickungen drücken, wie es noch vor wenigen Jahren der Fall war." Den Spruch hatte ich in diesem Jahr bereits auf mehreren anderen Drückjagden gehört.

Dabei sind es in erster Linie Bachen, die mit den Jahren gewitzt geworden sind und ihre Chance erkennen und nutzen. Keiler vergessen in dieser Jahreszeit, wenn die Wittrung rauschiger Bachen im Wald steht, mitunter ihre Vorsicht, die sie während des übrigen Jahres vor den Nachstellungen der Menschen bewahrt hat.

„Herrliche Witterung, ideales Drückjagdwetter!", werde ich freudig begrüßt, aber ich weiß es anders. Nicht das Wetter am Jagdtag selber, sondern an den folgenden Tagen ist entscheidend für das Verhalten des Wildes und den Erfolg einer Drückjagd. „Das Wild hat sein Barometer im Windfang", formulierte mein Freund, Baron Ostmann von der Leye, einmal die Tatsache, dass Tiere einen Wetterumschwung viel früher als wir Menschen fühlen. Ich kann diese Beobachtung nur bestätigen, habe ich sie doch auch bei unseren Haustieren immer wieder feststellen können.

Auf dem Weg ins Revier fahren wir in Kolonne einen asphaltierten Feldweg hoch, doch bereits nach den ersten hundert Metern gerät der Konvoi ins Stocken. Die Räder der Fahrzeuge drehen auf der glatten Fahrbahn durch, ein Auto rutscht im Zeitlupentempo in den Straßengraben, und ich erreiche den mir zugedachten Stand erst gerade um 10.30 Uhr, als es bereits heißt: „Hunde schnallen."

Des Waidmanns Ursprung liegt
entfernt, dem Paradiese nah.
Da war kein Kaufmann, kein Soldat,
kein Arzt, kein Pfaff, kein Advokat,
doch Jäger waren da!

BUNSEN

Man hat mich auf halbem Hang in ein Buchenaltholz postiert. Auf meinem Jagdstock sitze ich vor einer dicken Buche, habe weite Sicht, aber nur sehr begrenztes Schussfeld zwischen grün bemoosten Buchenveteranen, vereinzelten dunklen Fichten und einigen langschäftigen, hohen, roten Kiefernstämmen. Dichte Buchenverjüngung, zum Teil hüfthoch, zum Teil schulterhoch, hat sich über dem gesamten Hang ausgesamt, sodass nur an wenigen Stellen sicheres Schießen auf Wild möglich ist. „Wohl das Ergebnis übermäßiger Reh- und Rotwildreduktion“, sinniere ich. „Was dem Forstmann recht ist, schafft dem Jäger zumindest auf diesem Stand Probleme.“

Rötlich braun schimmert das Laub der jungen Buchenpflanzen an manchen Stellen unter der leichten Schneedecke hervor, und immer wieder male ich mir aus, wie die weiße Pracht hoch auseinander stiebt, wenn Sauen dort hindurch flüchten.

Auf der mehrere Kilometer entfernten Autobahn Frankfurt-Kassel herrscht reger Verkehr. Der Wind weht das Rauschen und Rollen der Fahrzeuge, mitunter auch das Hupen bis zu uns herüber, schluckt alle anderen Geräusche um mich herum und wirkt einschläfernd.

Der Rauch meiner Zigarette zieht hangaufwärts. Ab und zu bewegen sich ein paar dünne Zweige in den hohen Bäumen oder ein braunes Blatt segelt müde zur Erde, sonst herrscht Abgeschiedenheit.

Ein Eichelhäher drückt sich in den dünnen Zweigen der Lärchen heimlich davon, flattert leise und geschickt von Ast zu Zweig wie ein Dieb, der ein schlechtes Gewissen hat.

Plötzlich starrt meine Hündin gebannt zu den jungen Buchen rechts von uns. Wild, dessen bin ich sicher, ist im Anmarsch, aber noch kann ich nichts erblicken, keine Bewegung ist in dem dichten Gestrüpp auszumachen, nicht ein einziges Ästchen knackt, nur das ferne Rauschen der Fahrzeuge auf der Autobahn ist geblieben.

Schließlich erhebe ich mich vorsichtig und entdecke nach einigem Suchen die spielenden Lauscher eines Rehs über dem Laub der Buchensträucher, nicht lange danach tauchen sie unter und bleiben verschwunden. Behutsam setze ich mich wieder und registriere dabei den vorwurfsvollen Blick meiner Hündin.

Die jungen Buchen sind noch dicht belaubt, während die alten ihre Blätter bereits abgeworfen haben und die kahlen Zweige weiß gepudert erscheinen. Achtzig Meter links von uns

Wald und Wild, die beiden,
hat Gott zusammengegeben.
Nehmt dem Wald sein Wild,
und ihr nehmt sein Leben.

OSKAR HORN

steht wie eine helle Wand ein rund dreißigjähriger Lärchenbestand. Von dort her kommt plötzlich ein Fuchs und flüchtet von mir fort. Zu weit und zu schnell, als dass ich schießen könnte.

Wenn ein Fuchs auf der Drückjagd erscheint, ist das für mich ein gutes Zeichen für die Auswahl des Standes, denn Meister Reineke ist hellhörig, misstrauisch und vorsichtig wie ein alter Keiler. So bin ich zuversichtlich und lasse die Stelle, wo der Rotrock erschien, nicht aus den Augen.

Kaum ist er fort, folgt auch schon ein Zweiter. Der trollt auf mich zu, biegt dann, als er vierzig oder fünfzig Gänge entfernt ist, ab, passiert dabei aber eine lichte Stelle zwischen den Buchen. Im Knall meines Schusses sehe ich ihn durch das Zielfernrohr beschleunigen, kurz vorher registriere ich einen Meter vor ihm aufspritzenden Schnee und hochfliegende Erde. „Unterschossen", denke ich ärgerlich.

Weit entfernt vernehme ich einmal kurzen Hetzlaut, aber kein Hund kommt in unsere Nähe, die Sauen stecken in anderen Revierteilen, vermute ich.

Plötzlich nimmt mein Hund seine Nase wieder hoch. Hell und klar klingt der Ruf eines Bussards durch das Rauschen der Autobahn. Dann sehe ich den Vogel. Die Blicke meines Hundes folgen ebenfalls dem gleitenden Flugbild am Himmel, bis es hinter den durchsichtigen Baumkronen verschwindet.

Ab und an fällt ein Schuss. Das Echo wird vom gegenüberliegenden Hang zurückgeworfen und rollt durch das Tal.

Ein eisiger Schreck durchfährt mich, als plötzlich ein Terrier erscheint, den ich vorher weder gesehen noch gehört habe. Kurz verhält der Hund, sichert zu uns herüber und verschwindet dann so lautlos, wie er gekommen war.

Bald ist das Treiben vorüber und ich entlade meine Büchse. Laut klingt das metallische Geräusch des Repetierens durch die klare windige Luft, als ich eine Patrone nach der anderen aus der Kammer entferne.

Ich schultere die Waffe und stolpere langsam mehr aus Gewohnheit und Routine als in der Hoffnung auf einen Treffer dorthin, wo ich den Fuchs beschossen habe, um den Anschuss sicherheitshalber zu untersuchen.

Die Stelle ist leicht zu finden. Wo die Kugel in die Erde schlug, wurde der Schnee fortgestoben. Das dunkle Laub ist auf der weißen Fläche bereits auf einige Meter gut zu sehen. Ab und an entdecke ich einen Brantenabdruck und folge ohne große

Hoffnungen der Spur, die bei dem Schnee problemlos zu halten ist, dreißig, vierzig Meter, ohne Wolle, Haare oder Schweiß zu entdecken, bis ich die Gewissheit habe, dass ich den Rotrock als „gesund“ abschreiben kann, Voraussetzung für mein jagdliches Wohlbefinden.

Da gibt mein Hund Laut. Er war froh nach der langen Zeit des Untätig-neben-mir-Sitzens ausgelassen seine Freiheit wiederzuhaben und vorausstürmen zu können. Nun höre ich ihn aus den fünfzig Meter entfernten Buchen wütend keifen.

„Hat der Fuchs, als ich ihn nicht mehr sehen konnte, etwa einen Bogen geschlagen und ist nicht weiter fortgeflüchtet?“, schießt es mir durch den Sinn. Ich lade meine Büchse erneut und eile dem Hund zu Hilfe. Sehen kann ich in dem Gewirr aus Buchenrauschen kaum etwas. Da höre ich, wie sich der Laut der Hündin entfernt. Es rauscht und raschelt, bricht in dem Gestrüpp, und sechzig Gänge hangab flüchten fünf Stück

Schwarzwild aus den Buchen von mir fort, eine Bache und vier Frischlinge.

Drei Stunden haben sie sich dort gedrückt, den Schuss auf den Fuchs sowie meine Nähe ausgehalten und sind erst rege geworden, als mein Hund sie stellte. „Waren die aber dickfellig", muss ich mir später anhören. Ich aber schmunzele nur: Die Schwarzkittel sind wirklich „clever".

Sicher wäre ich, ohne ein Stück Schwarzwild gesehen zu haben, nach Hause gekommen, hätte ich nicht den Anschuss untersucht.

Eine Woche später erzähle ich die Geschichte am Abend vor einer weiteren Drückjagd bei meinem Freund, Baron Rotenhan in Franken. „Ja, Drückjagdsauen werden auch bei uns immer gewitzter", meint einer der beteiligten Jäger.

Am nächsten Tag bekomme ich einen Stand auf einer Kanzel zugewiesen, die an einer ungefähr 30 mal 50 Meter großen Fichtennaturverjüngung steht. Der Sturm hatte vor ungefähr zehn Jahren ein Loch in den Hochwald gerissen, wo nun dieser junge, noch nicht geläuterte Bestand herangewachsen ist.

„Zum Ende des Drückens schieben sich hier sehr gerne Sauen ein", verabschiedet mich der anstellende Revierbeamte.

Seine Vermutung trifft zu. Eine Viertelstunde, bevor es heißt „Hahn in Ruh", kommen mir zwei Überläufer. Ehe sie aber in der Dickung verschwinden können, steht einer von ihnen nach meinem Schuss „Kopf".

Ich repetiere, und da spritzt auf der anderen Seite der kleinen Dickung eine Bache mit mehreren Frischlingen heraus. Sie hatten sich die ganze Zeit über, seitdem ich die Leiter hinaufgestiegen war, vor mir gedrückt. Ich bin so verdutzt, dass ich gar nicht die Büchse hoch nehme – ja Sauen sind wirklich lernfähig!

Wen nicht die Sehnsucht treibt,
wer´s nicht im Blute spürt,
der soll die Hand vom edlen Waidwerk lassen,
denn was den Waidmann an die Seele rührt,
lässt sich nur fühlen, nicht in Worte fassen.

WALTER HULVERSCHEIDT

UND EWIG WÄHRT DAS TREIBEN

Und ewig währt das Treiben

Wird das Wetter halten? Welcher Stand wird mir diesmal zugewiesen? Welche alten Bekannten werde ich wieder treffen? Ob die Strecke wieder so wie im letzten Jahr wird?

Viele, fast immer dieselben Fragen beschäftigen mich auf meiner Fahrt zu einer Gesellschaftsjagd in den Deister. Schließlich erreiche ich den Treffpunkt. Begrüßung alter Freunde, Vorstellung neuer Gesichter, Jagdsignale, begleitet vom Jaulen der Hunde, die Ansprache des Jagdherrn, meines Freundes Georg Schäfer, Forstdirektor und Herr über viele Tausend Hektar Klosterkammerforst.

Noch einmal klingen die Hörner durch den herbstlichen Wald, und dann geht es los. Jedes Jahr aufs Neue, immer wieder der gleiche Ablauf und doch jedes Mal wieder neu und völlig anders – Ansitzjagd.

Uhrenvergleich: Es ist 9.10 Uhr. Beim Angehen darf bereits geschossen werden, Schnallen der Hunde um 10.00 Uhr, „Hahn in Ruh" pünktlich um 14.30 Uhr, heißt es.

Beim letzten Satz des Jagdherrn herrscht Ungläubigkeit in der Korona. Ratlosigkeit und Erstaunen lese ich aus den Minen meiner Mitjäger. Auch ich glaube an einen Versprecher des Jagdherrn. Rückfragen aber ergeben, dass es kein Hörfehler war, dass wir tatsächlich viereinhalb Stunden konzentriert auf unseren Sitzen verharren sollen ... Ein ungewöhnlich langes Treiben, zweihundertsiebzig Minuten lang Konzentration, in der kaum Zeit genug sein wird, die Gedanken schweifen zu lassen.

Das Sitzbrett des mir zugewiesenen Drückjagdbockes ist mit einem grünen Moosschimmer bedeckt, als habe hier lange Zeit niemand mehr gesessen, und es ist völlig durchnässt.

Ich breite einen großen Plastikbeutel aus, den ich eigentlich für den Aufbruch des erlegten Wildes bei mir führe und setze mich drauf. So bleibt mein Gesäß trocken, und außerdem kann ich mich auf der glatten Unterlage wie auf einem gut geölten Bürostuhl lautlos drehen.

Um mich herum steht Fichtenhochwald mit viel Unterwuchs. Bentgras und braunes Farnkraut machen das Schießen nach links schwierig, nach rechts habe ich weite Sicht. Zwischen den dunklen Fichtenstämmen leuchtet der hellbraune Laubteppich des angrenzenden Buchenwaldes. Davor zieht sich eine breite und tiefe Geländerinne, ideal um Sauen abzupassen.

Es leben alle,
die das Waidwerk treiben,
das immer frischen Mut gewährt.
Und wollt es Herbst im ganzen
Jahre bleiben,
das wäre, was mein Herz begehrt.

Das Wort, das dir entfahren,
den Schuss, der aus dem Lauf,
kannst nimmer du verwahren,
und keiner hält sie auf.

Mein Hund sitzt unter der Leiter und mustert aufmerksam die Umgebung.

Die Leiter zum Bock ist neu. Aufgrund einer Bestimmung der Berufsgenossenschaft musste die Forstverwaltung 100 bewährte Ansitzböcke für viel Geld umbauen, da dem Gesetzgeber die Sicherheit plötzlich nicht mehr gewährleistet schien. Auch die Jagd bleibt von allgemeiner Hysterie nicht verschont.

Verstohlen streife ich das für Gesellschaftsjagden vorgeschriebene rot leuchtende Hutband ab und stecke es in die Jackentasche. Ich bin keineswegs gefährdet, denn mein nächster Nachbarschütze sitzt über 400 Meter entfernt von mir hinter einem Berg.

Kopf und Hände des Jägers sind viel in Bewegung und leuchten weit, deshalb trage ich selbst im Sommer auf der Jagd Handschuhe. Die knallrote Jacke eines regungslos verharrenden Jägers wird ihn nicht verraten, der ständig hin und her drehende Kopf mit dem hellen, sich bewegenden Hutband aber wird sogleich von Wild wahrgenommen.

Dann ist plötzlich keine Zeit mehr zum Sinnieren und Träumen: Hundelaut! Jauchzend kommt er auf mich zu, eine weitere Stimme fällt ein, und dann sind es drei Hunde, die sich schnell meinem Sitz nähern. Zwischen den Stämmen leuchtet es rot. Die Warnhalsung eines Jagdterriers. Waidlaut jagt er nur wenige Meter vom Sitz entfernt wieder davon, gefolgt von zwei Wachteln. So wie ihre Stimmen allmählich in der Ferne verklingen, so langsam klingt auch mein Jagdfieber wieder ab.

Ein Bussard ruft, sonst scheint der Wald um mich herum vom Wild verwaist zu sein. Das Gewehr mit den Händen fest umschlossen, lausche und schaue ich gespannt in die herbstliche Natur. Um mich herum Schüsse und der Laut jagender Hunde.

Als es wieder ruhiger wird, blicke ich auf die Uhr. Eine halbe Stunde verharre ich bereits, ohne Wild gesehen zu haben. Die Büchse liegt längst auf den Knien. Die Hände in den warmen Manteltaschen versteckt, habe ich mich entspannt zurückgelegt.

Ein langes Treiben, noch über drei Stunden voller Aufmerksamkeit liegen vor mir.

Da bricht es vor mir, knackt immer lauter, jedoch dazwischen kein dumpfes Stampfen von Schalen auf dem Erdboden. „Sauen“, schießt es mir erwartungsvoll durch den Sinn, kein Rotwild – und da erscheinen sie auch schon. Im Gänsemarsch oder besser im Gänsetroll kommt genau dort, wo ich es mir eine halbe Stunde lang bereits ausgemalt und erhofft habe, Schwarzwild.

Endlich habe ich die Büchse im Anschlag, da ist die Rotte nur noch 30 Meter entfernt, aber als ich einen Überläufer beschieße und der sofort zusammenbricht, spritzt die ganze Gesellschaft erschreckt auseinander. Ich kann noch einen zweiten beschießen. Er verschwindet, rollt hinter die Böschung der Erdrinne, taucht aber auf der anderen Seite nicht mehr auf.

Während ich die Stelle, wo er verschwand, durch das Zielfernrohr im Auge behalte, folgt noch ein Nachzügler, ein schwacher Frischling, auf demselben Wechsel und rollt nach meinem Schuss genau nach dort, wo der Überläufer meinen Blicken entschwand. Ich sehe alle fortflüchten, bis auf die beiden beschossenen Sauen, die nicht auf der anderen Seite des Grabens erscheinen. Die Rotte bricht so laut davon, dass ich sie noch lange mit den Ohren verfolgen kann, doch so angestrengt ich auch lausche – kein Laut, keine Bewegung verrät mir, ob ich tödlich getroffen habe.

Nach einigen Minuten begeisterter Hochstimmung folgt eine lange, quälende Wartezeit. Ich stelle mich schließlich auf die Sitzbank und versuche von dort die Bodenrinne einzusehen – vergeblich.

Zweieinhalb Stunden sitze ich dann, rutsche unruhig auf meiner Plastikunterlage hin und her, starre alle paar Minuten zu der Stelle, wo ich den zweiten Überläufer und den Frischling beschoss und ertappe mich immer wieder dabei, dass ich ungeduldig immer öfter zur Uhr schaue. In jeder Minute, die sich unendlich auszudehnen scheint, beschleichen mich trübe Gedanken. Ich möchte die Unsicherheit loswerden, mir Gewissheit verschaffen, darf aber meinen Sitz nicht verlassen, bin am Ort „festgenagelt“ – und fast am Verzweifeln. Mir bleibt nur, immer wieder über das Geschehene nachzudenken, ohne sicher zu sein, ohne zu erfahren, ob die Sauen liegen. Ich quäle mich durch die Zeit und erwarte sehnsüchtig das erlösende „Hahn in Ruh!“

Das Warten zehrt und zerrt an meinen Nerven, die Unsicherheit nagt. War es wirklich ein Überläufer, den ich beschossen habe? Erhielt der Frischling einen tödlichen Schuss? Zwar hätte ich es bemerkt, wenn die beiden weiter geflüchtet und der Rotte gefolgt wären, aber ich kann sie eben nicht liegen sehen!

Versich're dich um jeden Preis,
ob deine Kugeln auch verletzten;
du findest stets den ersten Schweiß
viel leichter als den letzten!

Die Zeit scheint immer langsamer zu verrinnen. Der große Zeiger der Uhr bewegt sich, als müsse er die Arbeit des kleinen Stundenzeigers tun.

Da verrät ein Rascheln sich näherndes Wild aus einer Richtung, aus der ich es nicht erwartet habe. Eine Sau kommt auf mich zu! Ich nehme sie im selben Augenblick wahr wie mein Hund, denn als ich mich nach dem Geräusch umsehe, setzt sich auch Gesa gerade auf und starrt dorthin. Ungewöhnlich, denn sonst bemerkt die Hündin Wild immer lange vor mir. Ruhig verharre ich, Hände in den Taschen, die Büchse auf den Knien, doch als das Schwein meinen Sitz auf 40 Gänge passieren will, sehe ich, dass es nicht, wie angenommen, ein einzelner Keiler ist, sondern wieder ein Überläufer. Sein linker vorderer Hammer schlenkert kraftlos herab – er hat eine Vorderlaufverletzung!

Trotz der Behinderung ist der Kujel schnell und er beschleunigt noch, als ich das Gewehr hochnehme, aber er ist bereits zu nahe, als dass ich fehlen könnte. Im Knall sackt er in seiner Fährte zusammen.

Mein Gefühl für Zeit scheint völlig verkümmert zu sein. Gerade habe ich wieder einmal zur Uhr geschaut, 13.45 Uhr, noch eine Viertelstunde bis zum Abblasen, da kommt genau auf dem Wechsel, auf dem die Rotte erschien, ein Wachtel. Mit tiefer Nase verschwindet er dort, wo ich die beiden verendeten Sauen vermute, und schon klingt sein dunkler und tief melodischer Laut zu mir herüber. Für mich, eine Viertelstunde vor offiziellem Jagdende das erlösende Signal und das Ende eines in zweifacher Hinsicht sehr, sehr langen Treibens.

JAGEN IM NEBEL

Jagen im Nebel

Der Wind ist, wie mir die Bewegungen der Nebelschwaden verraten, konstant. Der Rauch aus meiner Tabakspfeife zieht nach rückwärts, hangauf, vom Treiben fort. Trotzdem stecke ich die Pfeife in die Tasche. Ich will nicht noch mehr unnötige und verräterische „Wittrung" um mich herum verbreiten als unbedingt unvermeidlich.

„Neun Uhr" stand auf der Einladung, aber viele Jäger waren da noch nicht am Sammelplatz eingetroffen. Erst kurz vor zehn erklangen „Sammeln der Jäger" und „Begrüßung", danach hielt der Jagdherr seine verspätete Begrüßungsansprache, und noch später bewegte sich die Kolonne der Geländewagen endlich langsam vom Sammelplatz fort.

Zwar herrschte ausgelassene Stimmung unter den Jägern, aber man sah auch viele nachdenkliche Mienen und lange Gesichter. Ein Großteil der Jagdgäste hatte sich nämlich verspätet, weil die Hunsrückberge unter dichtem Nebel versteckt lagen und der gesamte Straßenverkehr an diesem Morgen fast zum Erliegen gekommen war.

Ich habe mir ein paar Fichtenzweige geschnitten, diese auf einen mit einem dicken Moospolster bedeckten, vermodernden Baumstumpf gelegt, mir so eine bequeme und weiche Sitzgelegenheit geschaffen, in alle vier Himmelsrichtungen ein paar Anschlagübungen gemacht und warte nun auf das, was kommen mag.

Jagd lebt von Erwartungen und Hoffnungen, die Ansporn und Ausdauer genug geben, stundenlang bewegungslos und konzentriert zu verharren.

„Die Warnung vor riskanten Weitschüssen war überflüssig", überlege ich. Die Sicht reicht für höchstens dreißig Gänge. Es wird kaum Zeit zum Träumen oder für einige Augenblicke des Unkonzentriertseins bleiben.

Zwar sitze ich wie im Schutz einer diesigen Tarnkappe, bin nur schwer zu sehen, verschmelze fast mit meiner Umgebung, aber auch das Wild kann man leider erst wahrnehmen, wenn es sich auf diese kurze Distanz genähert hat, und ebenso schnell wird es auch wieder hinter dem dichten Dunstschleier verschwinden.

Diese scheinbar geruhsame Jagd ist eine Sache der Extreme: extrem ruhig und extrem aufregend.

Zwei Knollenblätterpilze leuchten als helle Farbtupfer auf dem Boden, und zwischen den dunklen Fichtenwedeln über mir schimmern golden und gelb die letzten bunten Blätter einer fast kahlen Buche. Ab und zu taumelt eines von ihnen matt und schwer von Feuchtigkeit zu Boden. Eine orangefarbene Nacktschnecke klebt am unteren rindenlosen Ende meines natürlichen Sitzes.

Die leuchtenden Herbstfarben, die sonst Drückjagden um diese Jahreszeit untermalen und verschönern, werden von grauen Nebelwänden und Nässe ringsum verschluckt – ausgelöscht.

Ich habe das Gefühl, die Sicht hat sich noch verschlechtert, seitdem ich meinen Stand eingenommen habe. Die weißen Pilze sind zwischenzeitlich hinter einem düsteren Schleier verschwunden.

Feucht und kalt ist es, alles trieft vor Nässe. Farblos und stumpf ragen Busch und Baum regungslos aus dem trüben Nebel. Fahl und freudlos düstert der trübe Grauhimmel über dem Wald.

Schwer tropft es von den Bäumen, ununterbrochen von Zweig und Ast. Mal schwellen die Geräusche an, wenn ein leiser Windhauch durch das fast kahle Gezweig rauscht, dann ebbt es wieder ab in einschläfernder Gleichmäßigkeit.

Zehn Meter entfernt entdecke ich in der Krone einer Buche einen nun verwaisten mächtigen Horst, wahrscheinlich stammt er von einem Mäusebussardpaar, das dort Jahr für Jahr seine Jungen großzieht.

Vergebens horche ich. Sich näherndes Wild wird man kaum vernehmen, zumal das triefend nasse Laub und die feuchte Nadelspreu auf dem Boden zusätzlich Geräusche verschlucken.

Milchige Schwaden wabern gespenstisch zwischen den Baumstämmen hindurch. Ich versuche sie mit tränenden Augen zu durchdringen, aber der Nebel hält sich zäh und unerbittlich, gibt nichts frei, verhüllt alles – kein Schatten, keine Bewegung ist auszumachen.

Kein Vogel vertreibt mir die Zeit. Weder Kleiber, Meisen noch Häher, die sonst in diesem Wald für Abwechslung sorgen, sind zu hören. Meine Umgebung wirkt wie ausgestorben. Sämtliche Lebewesen haben sich vor dem unwirtlichen kühlen Dunst verkrochen.

Meine Nachbarschützen stehen mehrere hundert Meter entfernt. Ich kenne ihre Stände genau, zudem ist an einigen Bäumen markiert, in welche Richtungen ich nicht schießen darf. Götz Neubauer, der Berufsjäger, hat vorausschauend an alles gedacht, als er die Jagd plante.

Ein Schuss fällt. Er klingt gedämpft, fast wie aus einer Flinte, kurz darauf der Laut eines Hundes, ein zweiter, ein dritter stimmt ein in diese auf- und anregende Drückjagdmelodie, und schließlich klingt das wütende „Jiff Jiff, Jaff Jaff" einer ganzen Meute durch den tief verhangenen grauen Herbstwald.

Nur kurz nähert sich die „Musik", an der nur das Ohr, nicht aber das Auge teilhaben darf, dann dreht der Bail ab, entfernt sich, wird leiser und leiser, und schließlich bin ich wieder umgeben vom eintönigen Fallen einzelner Tropfen. So sehr ich auch lausche – nur die stumme Stimme der Stille allein ist noch um mich herum.

Ich starre weiter gebannt in eine dichte graue Nebelwand, erspähe aber nichts.

Später dann fällt ab und an ein Schuss an der anderen Seite des großen Treibens, und mitunter ist deutlicher Kugelschlag zu hören, manchmal rollt das Echo eines Büchsenschusses vom gegenüberliegenden Hang verhalten durch die

Das ist das Geheimnis der Jägerei:
Mit Fuchs und Hirsch und Auerhahn,
mit Büchs und Schuss ist nichts getan.
Es ist ein Geist dabei.

HEINRICH LAUBE

Schlucht, aber viel zu weit weg, als dass sich meine Spannung noch steigern oder die Aufregung noch wachsen könnte.

Wieder kommt Hundegeläut auf mich zu, näher und näher, zieht nur vierzig oder höchstens fünfzig Meter entfernt an meinem Stand vorüber, ohne dass ich auch nur den Hauch einer Bewegung in der milchigen Suppe wahrnehmen kann. Mit vor Anstrengung tränenden Augen versuche ich erneut, den Schleier zu durchdringen, aber vergeblich. Fiebernd lausche ich, bis wieder Stille einkehrt.

An ihrer Stimme hatte ich meine Hündin erkannt. Wenige Minuten, nachdem ihr Geläut am Gegenhang leiser wird und schließlich verstummt, fallen in schneller Reihenfolge fünf Schüsse, dann kommt Gesa mit lang heraushängender Zunge hechelnd zu meinem Stand getrabt und lässt sich völlig durchnässt neben mir auf den Boden plumpsen.

Nicht einmal das Gebell und wilde Gekeife anderer Hunde, das gedämpft zu uns herüber klingt, oder die vereinzelt fallenden Schüsse können sie dazu bewegen, weiterzujagen.

Da trollt auf kaum mehr als zwanzig Gänge ein Stück Wild vor uns durch den diesigen Bestand. Nur recht schemenhaft ist es wahrzunehmen, wirkt unwirklich und riesig vor dem dichten Vorhang aus Dunst und Nebel.

„Rotwild!" schießt es mir durch den Sinn, aber schon bemerke ich meinen Irrtum, es ist nämlich ein Reh. Bevor es schnell wieder vom bleigrauen Dunst verschluckt wird, kann ich an den undeutlichen Konturen noch nicht einmal ansprechen, ob es ein Bock oder eine Ricke ist.

Nach drei zwar sehr langen, aber keineswegs langweiligen Stunden klingt es durch den scheußlich dichten Brodem etwas schwermütig und zur herrschenden Witterung passend „Hahn in Ruh". Aus verschiedenen Richtungen nehmen andere Bläser das Signal auf: „Hahn in Ruh", und noch einmal ganz langsam und feierlich: „Haaahn in Ruuh"!

Laut und störend rasselt das metallische Repetiergeräusch durch den Wald, als ich meine Büchse entlade.

Dann holt mich der Berufsjäger von meinem Stand ab, und auf dem durchweichten, glitschigen Holzabfuhrweg stolpern wir, gefolgt von meiner müden Hündin, durch tiefe Schlepperspuren, in denen knöchelhoch das braune Schlammwassser steht, zum Sammelplatz.

40 Schritte sind wir gegangen oder 50, da stutze ich – zahlreiche Trittsiegel von Sauen stehen in unseren Spuren, die wir vor über drei Stunden auf dem Anmarsch zu meinem Stand gezogen haben. Eine Rotte von acht, neun oder mehr Stücken hat den Weg gekreuzt. Neben den Fährten ist deutlich die Spur eines Hundes, zweifellos die von Gesa, zu erkennen.

Ich blicke mich um. Meinen Stand kann ich in dem dichten Dunst schon nicht mehr erkennen, obwohl er von der Stelle, an der die Rotte vor dem Hund vorüber flüchtete nur höchstens einen knappen Schrotschuss entfernt ist.

„Auf der anderen Seite des Treibens, am gegenüberliegenden Hang, war völlig klare Sicht, der Wind hatte den gesamten Nebel zu unserer Schützenlinie herüber gedrückt", erzählt der Berufsjäger und fährt fort: „Einem Schützen kam eine starke Rotte Sauen, aus der er mit fünf Schüssen vier Stücke erlegte."

„Meine Hündin hat wieder einmal zum Erfolg der Jagd beigetragen", denke ich schmunzelnd, und kraule im Weitergehen flüchtig, aber voller Stolz ihren hübschen Kopf. Mit einem kurzen Schwanzwedeln und Aufblicken nimmt sie meine Anerkennung zufrieden entgegen.

Den Bruch wohl von der nächsten Eiche
zerteile zwischen dir und mir;
kein König ist, der mir dann gleiche,
kein Kronenorden nahet meiner hier.

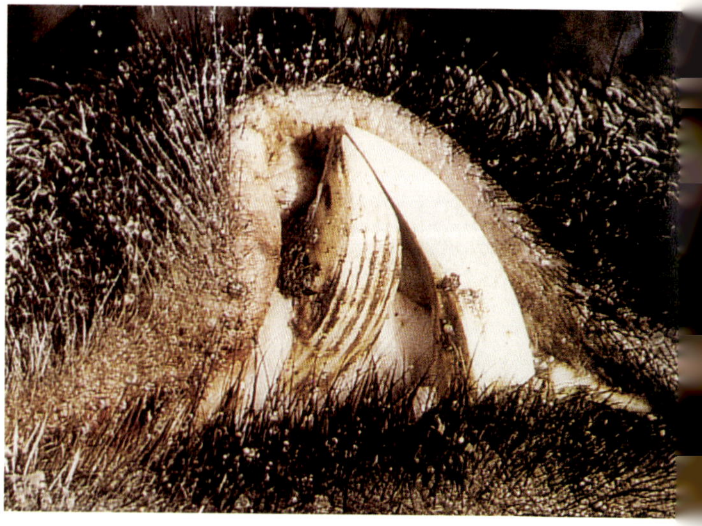

SAUEN FEST

Früher bekam ich viele Male im Jahr einen Anruf, und es hieß dann: „Sauen fest!" Mit ausbleibendem Schnee wurden diese Aufforderungen in letzter Zeit immer seltener und blieben schließlich ganz aus.

So ergreift mich freudige Aufregung, als die Stimme am anderen Ende des Telefons diese beiden faszinierenden Worte ausspricht. In Windeseile geht es kurz darauf voller Vorfreude über noch nicht geräumte Landstraßen durch tiefverschneite Felder und Wälder zum vereinbarten Treffpunkt im Wald.

Dort warten sie schon: Jagdfreunde, Bekannte, Fremde und unter ihnen ein Gast aus Hessen, der noch nie in seinem Leben eine Sau gesehen, geschweige denn geschossen hat.

Kurze Lagebesprechung. Die Sauen stecken in einem niedrigen Bestand neben einer Dickung, und schon schleicht jeder der Jäger möglichst lautlos voller Erwartung zu dem ihm zugeteilten Stand.

Endlich ..., so mag auch Gesa denken, endlich sind wir wieder draußen, um die Natur zu genießen mit ihren kleinen und ihren großen Wundern, um der Kräfte zehrenden Zivilisation den Rücken zu kehren und Sauen zu jagen!

Wie lange habe ich nicht mehr am schneeverhangenen Dickungsrand gesessen und bestätigte Sauen erwartet, die dann in einer aufstäubenden Schneewolke hochflüchtig aus dem Bestand brachen. Wie lange mag es her sein, dass ich einen oder zwei der schwarzen Gesellen aus einer flüchtenden Rotte im Schuss rollieren ließ.

Ich habe es mir auf meinem Sitzstock, so gut es geht, bequem gemacht und einige schnelle Probeanschläge vollführt, um gewappnet zu sein, wenn die Rotte in rasanter Geschwindigkeit über die breite Schneise flüchten will. Nun mustere ich, genau wie Gesa, die neben mir im hohen Schnee sitzt, gespannt den Dickungsrand zu unserer Rechten und das dichte Unterholz vor uns. Darin stecken die Sauen, wie beim vormittäglichen Kreisen festgestellt worden war. Ab und an wandert unser Blick auch nach hinten, wo die krausen Wipfel des dunklen Hochwaldes unbewegt in die hauchstille Bläue stoßen.

Mit wachen Sinnen genieße ich die blendende Reinheit der weißen Welt und fühle beeindruckt die erhabene Ruhe des winterlichen Waldes.

Mit offnen Augen
lasst uns immer jagen,
nicht taub, doch
schweigsam unsre
Wege gehn;
ein frohes Herz kann
nur dem Waidmann
schlagen,
der´s lernt, die Wunder
Gottes zu verstehn.

Dünkt dich dein Schuss gerecht und gut,
so fühle dich als Jägersmann
und lüfte weihevoll der Hut
und stecke einen Bruch daran!

WAHRMUND RIEGLER

Auf dem Marsch zu unserem Stand knirschte der Schnee laut unter meinen Stiefeln, als ich durch den glitzernden Staub pflügte. Mein Atem ging stoßweise. Trotz der eisigen Luft, die zwischen den Bäumen schwebte, wurde meine Stirn feucht und mein Körper nass vom Schweiß.

Die Hündin suchte aufgeregt und interessiert nach frischen Spuren und Fährten. Erfolglos! Alles, was die Aktivitäten der vergangenen Nacht im Walde hätte verraten können, ist nun verborgen unter einer dicken Schneedecke, wie sie seit vielen Jahren hier nicht mehr gelegen hat.

In einem Grab kann es nicht stiller sein. Die buchstäbliche Stecknadel kann man schon gar nicht zu Boden fallen hören, die hohe Schneedecke verschluckt auch weitaus lautere Geräusche.

Die Natur bietet ein Bild, das nicht mehr in diese Jahreszeit, nicht mehr in diese Region des Landes passt. Viele Büsche und Bäume tragen noch zahlreiche Blätter, als sei es Herbst, ein Resultat der extremen Trockenheit des Sommers. Der Wassermangel hatte manche Pflanzen in eine Art Hitzeschlaf fallen lassen, ähnlich der Winterruhe. Sie reduzierten den Stoffwechsel auf ein Minimum und warfen, um Energie zu sparen, einen Teil der Blätter frühzeitig ab. Als im Spätherbst dann Regen im Überfluss fiel, wurde ihr Kreislauf wieder angeregt, die biologische Uhr, der Jahreszyklus, geriet durch das milde Wetter erneut durcheinander.

Mein Nachbarschütze steht auf der gegenüberliegenden Seite der Dickung. Ich kann ihn weder sehen noch durch einen Schuss gefährden.

Plötzlich hallen von dort zwei schnell hintereinander abgegebene Schüsse herüber. Es klingt, als wären sie kilometerweit entfernt gefallen, dabei trennen uns höchstens 200 Meter.

Gesa hat sich sofort aufgesetzt, und auch ich spüre, wie ich in Erwartung anwechselnder oder heranflüchtender Sauen von Erregtheit gepackt werde. Aber nichts ist mehr zu hören, kein Stück ist zu vernehmen oder zu sehen, und langsam klingt meine innere Unruhe wieder ab.

Es beginnt erneut zu schneien. Ohne dass ich einen Luftzug verspüre, wirbeln die Flocken wild durcheinander, fallen immer dichter, und ich verberge Büchse und Zielfernrohr schützend unter meinem langen Lodenmantel.

Für eine Drückjagd ist das Wetter günstig, aber nicht für die Treiber. Sie werden es nicht einfach haben, die Sauen aus ihrem Tageseinstand zu drücken, meditiere ich. Es hat ja bereits einen halben Tag geschneit, dazu herrscht absolute Windstille. Auf den trockenen Zweigen von Büschen und Bäumen kleben gewaltige Schneemassen, die bei der leisesten Berührung schwer auf die Köpfe der Eindringlinge fallen.

Die Spuren, die Gesa und ich bei unserem Anmarsch auf der breiten Schneise im tiefen Schnee hinterlassen haben, sind schnell wieder zugeschneit und kaum noch zu erkennen.

Das Wild ist nicht um des Jägers willen, sondern der hegende Jäger um des Wildes Willen da. Dieses ist das Bekenntnis, das scheidet – und entscheidet.

FRIEDRICH FRHR. VON GAGERN

Der Pulsschlag der Natur scheint langsamer geworden zu sein, fast stillzustehen. Aber das täuscht! Vielfältiges Leben regt sich unter und über der dichten Schneedecke.

Das Pochen eines Buntspechtes unterbricht die Stille. Es dauert lange, bis ich den kleinen Vogel über uns an einer Birke entdecke. Eifrig trommelt er an einem trockenen Ast herum. Auch Gesa blickt interessiert nach oben und verfolgt die flinken Bewegungen an dem dicken Baumstamm.

Als der Specht schließlich abstreicht, ist noch kurz das Geräusch seiner Schwingenschläge zu hören, dann herrscht wieder tiefe Stille. Aber noch einmal verrät er sich. Diesmal zittert sein hoher abgehackter Ruf verloren durch den verschneiten Wald. Dann breitet sich wieder diese atemlose Stille aus.

Tief drückt die weiße Last die Zweige herab. An einem der verschneiten Sträucher neben mir leuchtet es hellgrün aus dem strahlenden Weiß. Der Knöterich treibt bereits wieder zarte junge Blättchen.

Da! Noch undefinierbares Rauschen nähert sich, wird zu Getrappel. Sauen?

Während Gesa sich wieder aufsetzt und ich mich von meinem Sitz erhebe, preschen zwei Rehe heran und verhoffen vier, fünf Gänge vor uns. Ich erkenne einen panischen Ausdruck in ihren Lichtern, als die beiden Stücke uns auf diese nahe Entfernung wahrnehmen und sogleich hochflüchtig auseinander stieben, das Kitz in zwei Metern Entfernung die Schneise überfällt und die Ricke mit lautem Brechen wieder in der Dickung untertaucht.

Zehn Minuten später schnürt ein Fuchs aus der Dickung heraus. Ich bemerke ihn erst, als er bereits die Mitte der Schneise überquert hat, reiße zwar meine Büchse noch hoch, aber viel zu spät. Meister Reineke hat seinen Balg längst in Sicherheit gebracht, und ich ärgere mich über meine Unachtsamkeit.

Kurz danach kommt das Kitz vertraut zurückgezogen, verhofft verdeckt am Dickungsrand und äugt gebannt zu den beiden reglosen Gestalten, bevor es wieder verschwindet.

Die Flocken fallen dünner, und schließlich hört es völlig auf zu schneien. Mitunter schimmert es vom Himmel bereits orangerot durch das weiße Gezweig, aber die angeregte Unterhaltung der näher kommenden Treiber klingt trotzdem, als seien sie in ihren auffällig leuchtenden Warnjacken noch mehrere hundert Meter von uns entfernt.

„Hier sind se ooch wieder jelaufen“, höre ich, und „so ne Menge Schweinespuren, dat jibts doch jar nich“, klingt es von der anderen Seite.

Schon treten die Männer auf die Schneise, formieren sich auf meine Bitte und drücken den Komplex nun von der anderen Seite, denn „da sind ne Masse Schweine drin“, erklärt mir ihr Sprecher begeistert.

Bald sind sie wieder verschwunden, und es herrscht erneut Stille um uns herum.

Plötzlich ertönt Hundelaut, kommt auf uns zu. Die vierläufigen Helfer jagen direkt hinter der Treiberwehr, wie ich dem aufgeregten Geschrei der Männer entnehme, dabei klingt es, als seien sie kilometerweit entfernt.

Vor mir, im weißen Gestrüpp, stiebt der Schnee. Die Mündung der Büchse zeigt nach dort, wo ich mit wild klopfendem Herzen jeden Augenblick Sauen aus der Dickung brechend erwarte. Zwei Wildkörper rasen heran – Sauen? Nein Ricke und Kitz flüchten auf mich zu. Beide verhoffen auf weniger als zehn Gänge abrupt, als ich laut und grell pfeife. Schon bricht das Kitz im Knall zusammen.

Gesa steht auf dunklem Waldboden zitternd neben mir, als ich repetiere und blickt dem auf und ab wippenden Spiegel der davonstürmenden Ricke nach. An der Stelle, an der die Hündin gelegen hatte, ist der Schnee geschmolzen und der dunkle Erdboden zu sehen.

Dann weht das Signal „Hahn in Ruh“ durch die Stille.

Von dort, wo am Anfang des Drückens die beiden Schüsse gefallen waren, kommt mein Standnachbar hinter der Wegbiegung hervor und trägt einen Fuchs in der rechten Hand.

Wir diskutieren über die so sicher geglaubten Sauen, die uns Jäger nun, nach dem ersten Schneefall, offenbar überlistet haben, denn keiner von uns beiden hatte Anzeichen, die auf Schwarzwild hindeuteten, bemerkt.

Von der anderen Seite kommt nun ebenfalls ein Jäger, der Gast aus Hessen. Er grinst über beide Ohren. „Dö Sauköpp, dö wussten genau, dass mer se ans Leder wolle. Denken se, do is ma eener stehe gebliebe“, freut er sich in seinem breiten hessischen Dialekt und berichtet von einer kopfstarken Rotte, die 20 Meter vor ihm aus dem Bestand gebrochen war und in gemächlichem Troll durch den Hochwald verschwand.

AUF DAMWILD

Erst dann bin ich ein Waidmann, wenn ich ein Horcher auf des Schöpfers Stimme in meinem Inneren bin.

EUGEN WYLER

„Hundert Meter in diese Richtung." Während mir der Forstbeamte diese Anweisung zuflüstert, zeigt er mit dem Arm nach Osten, dorthin, wo sich vor knapp zwei Stunden die Sonne vom Horizont loslöste. „Dann biegen Sie im rechten Winkel nach links und nach weiteren hundert Schritten werden Sie ihren Stand schon sehen."

Einige mahnende und aufmunternde Abschiedsworte raunt er mir noch zu, dann entfernt er sich leise mit seinem Schweißhund am Riemen, und ich bin wieder mit meiner Hündin allein.

Erwartungsvoll leine ich sie an, stiefele los und repetiere im Gehen eine Patrone in den Lauf meiner Büchse, denn der Schuss auf Wild beim Angehen wurde am Morgen gestattet.

Gesa widerstrebt das „bei Fuß" laufen. Verständlich, denn sie hatte heute noch nicht genügend Auslauf für ihr großes Bewegungsbedürfnis, aber ich bin froh, dass sie nicht frei läuft, denn kaum sind wir fünfzig Schritte gegangen, setzt sie sich neben mir auf die Keulen, und ich weiß sofort, dass von dort, wo sie hinstarrt und windet, mit untrüglicher Sicherheit Wild zu erwarten ist.

Ob Flugwild, Eichhorn, Katze, Fuchs, Hase oder Schalenwild, Gesa verweist es mir so sicher, dass ich mich bereits mehrmals auf der Jagd dabei ertappte, bequem und unaufmerksam geworden zu sein, weil ich mich fest auf ihre Aufmerksamkeit, ihren Spürsinn verlassen kann.

Fünf Stück Damwild ziehen knapp fünfzig Gänge entfernt aus einer Bodenwelle vertraut an uns vorüber. Sie bemerken nicht, wie ich behutsam die Büchse von der Schulter nehme, an einer dünnen Kiefer anstreiche und den schwachen Knieper, der den Schluss des kleinen Rudels bildet, anvisiere. Immer wieder schiebt sich aber Kahlwild vor ihn, während ich ihn durch das Zielfernrohr verfolge.

Bevor das Rudel schließlich hinter der nächsten Bodenwelle verschwindet, löst sich das Absehen von dem Hirsch, und als breit und frei ein trollendes Kalb davor erscheint, fällt der Schuss.

Das Kalb zeichnet mit einer hohen Flucht und geht mit gekrümmtem Rücken ab, bricht aber in dem Moment zusammen, in dem ich eine neue Kugel aus dem Patronenlager in den Lauf repetiert habe.

Während ich freudig erregt zu meiner Beute eilen will, sieht Gesa die ganze Angelegenheit eher gelassen, schaut fasziniert dem abspringenden Rudel nach und lässt sich nur widerstrebend von mir zu dem verendeten Kalb ziehen. Dort aber ist ihre Freude groß. Mit wild hin und her wedelnder Rute zaust sie an den Keulen des Stückes, leckt am Einschuss und dem ausgetretenen Schweiß, dann aber scheint die Sache für sie auch schon wieder beendet zu sein.

Flink bringen wir die restlichen 300 Meter bis zu meinem Sitz hinter uns. Der Hund lässt sich vor der Leiter auf den kargen, mit Kiefernnadeln dicht bedeckten Waldboden plumpsen, während ich es mir zwei Meter über ihm bequem mache.

Rundherum kann ich 100 Meter in den raumen Altholzbestand sehen und habe 50 Gänge weit freies Schussfeld.

Rundumsicht aber fordert enorme Konzentration und Aufmerksamkeit, zwei anstrengende und ermüdende Stunden stehen mir bevor. So ein Ansitz ist nichts für Träumer. „Wer drei Stunden auf Ansitz jagt, hat keine zehn Sekunden zu verschenken, oder er verschenkt seine Chance", sagt eine alte Jägerweisheit.

Immer wieder blicke ich nach unten zum Hund. Er liegt ausgestreckt, entspannt, und ein dickes Bündel Sonnenstrahlen, das sich seinen Weg durch die lichten Kronen der alten Kiefern zum Boden gebahnt hat, lässt sein dunkles Fell in einer wunderschönen braun-goldenen Färbung erscheinen.

Drei kopfstarke Damwildrudel trollen in den nächsten zwei Stunden auf große Entfernung an der Leiter vorüber – zu weit, um einen sicheren Schuss anzubringen, aber trotzdem nahe genug, um mein Herz schneller schlagen zu lassen, mich meine Büchse fester umfassen zu lassen.

Es bleibt keine Sekunde Zeit, um zur Uhr zu schauen, und erst das Heulen einer Sirene befreit mich schließlich von meiner Spannung: zwölf Uhr, Ende des ersten Treibens.

Nach kurzer Mittagspause geht es zum nächsten Treiben, und ich nehme den zweiten Stand an diesem Tag ein. Er erscheint mir ebenso aussichtsreich und viel versprechend zu sein wie der erste. Bereits beim Angehen geht Damwild seitlich vor uns ab und verschwindet in einer wohl zwanzigjährigen ungeläuterten und bürstendichten Kieferndickung.Dann Bewegungen links von mir. Ein Rudel Rotwild flüchtet in scharfem Troll

Ich habe große Achtung vor der Menschenkenntnis meines Hundes; er ist schneller und gründlicher als ich.

OTTO VON BISMARCK

vorüber: Kahlwild und ein hoher Spießer. Die Bäume zwischen uns stehen aber so dicht beieinander, dass an einen Schuss kaum zu denken ist, immer sind die Stücke nur für Sekundenbruchteile frei, bevor sie wieder von Baumstämmen verdeckt werden. Ich versuche eindringlich zu pfeifen, um das Rudel zum Verhoffen zu bringen. Als meine spröden, trockenen Lippen endlich einen grellen lauten Pfiff zustande bringen, verschwindet das Rudel aber bereits wieder in einer Bodensenke.

Kurz darauf erscheint ein einzelner weißer Damhirsch. Beim Anblick des angehenden Schauflers denke ich an den alten Jägerglauben, wonach der Abschuss eines weißen Hirsches dem Erleger Unglück bringt und er das folgende Jagdjahr nicht mehr überlebt ...

Graf Reventlow, der unter anderem Klosterprobst in Schleswig-Holstein war, schoss in seinem Leben mindestens fünf kapitale weiße Damhirsche. Als ich ihn einmal auf den Aberglauben ansprach, meinte er trocken: „Habe nie gehört, dass man durch das Schießen von braunen Hirschen unsterblich wird!“

Immer wieder drehe ich meinen Kopf behutsam zu einer Seite, und dann ganz langsam um mehr als 180 Grad zur anderen. Ununterbrochen versuchen meine Augen, eine Bewegung zwischen den Baumstämmen zu erhaschen. Ein verhoffendes Stück auf der bizarr beleuchteten Kiefernnadelspreu in dem schattigen Bestand zwischen graubraunen Zweigen auf graubraunem Waldboden auszumachen, ist selbst für geübte Augen schwierig.

Gesa schläft bereits wieder. Auf ihre Hilfe kann ich mich also nur noch bedingt verlassen.

Schüsse werde ich kaum vernehmen können, denn es werden Dickungskomplexe in einem Gebiet von über 1000 Hektar durchgedrückt, ohne Hunde, nur von einigen Forstbeamten, passionierten Waldarbeitern und den Ehefrauen mancher Schützen.

Wie mit dem Katapult geschleudert, quillt es plötzlich zwanzig Meter links von mir aus der Dickung: Damwild! Mit einem Schuss, der mir als Schrotschütze Ehre gemacht hätte, erlege ich ein Schmaltier. Im Knall bricht es kurz zusammen, verschwindet dann aber, während ich noch repetiere, hinter einem Reisighaufen.

Trefflich ist das Jägerleben,
voller Lust und wechselreich,
und kein zweites hier auf Erden
kommt dem hohen Waidwerk gleich.
Ich jage fort ohn' Aufenthalt,
mich hat mit ihrer Allgewalt
die Jagdlust tief erfasst.

Angestrengt schaue ich durch das Zielfernrohr, und schon erscheint das beschossene Stück wieder hinter der Deckung, und ich kann ihm den Fangschuss geben.

Eine Stunde ist vergangen, die Hälfte des zweiten Treibens bereits vorüber, da setzt sich Gesa auf. Ihrer Blickrichtung mit den Augen folgend, nehme ich sechs, sieben, nein acht Stück Damwild wahr. Sie trollen seitlich auf uns zu. Wieder wird der kleine Trupp von einem Knieper begleitet, und wieder bekomme ich ihn nicht frei. Die Mündung des Büchsenlaufes wandert zum Schluss des Rudels, dem ein Kalb folgt.

Baum, Wildkörper, Baum wechseln in schneller Folge, und als das Stück für wenige Herzschläge in der nächsten Lücke erscheint, sehe ich es durch das Zielfernrohr im Knall fallen. Weiß leuchtet mir seine helle Unterseite auf siebzig Gänge durch den Bestand entgegen.

Zufrieden, entspannt, aber trotzdem aufmerksam lehne ich mich zurück.

Schließlich, wenige Minuten bevor meine Uhr das Ende des zweiten Treibens anzeigt, gehe ich noch einmal mit der

Büchse in Anschlag, stelle das Absehen des Zielfernrohres nun auf sechsfache Vergrößerung um, visiere das gefallene Stück an und will es mir so aus der Nähe betrachten.

Da durchfährt mich ein eisiger Schreck. Das ist kein Kalb, was ich da durch die nun stark vergrößernde Optik liegen sehe. Eindeutig ragt dort, wo das Haupt sein müsste, eine kapitale Schaufel empor.

Im Nu schwindet meine freudige Hochstimmung und weicht zweifelnder, bedrückender Niedergeschlagenheit, denn am Morgen waren nur schwache Hirsche freigegeben worden. Ich hatte nur einen Knieper bei dem beschossenen Rudel ausmachen können, und den sah ich nach dem Schuss allem Anschein nach gesund davonflüchten.

Sollte ein zweiter, offenbar weitaus stärkerer Hirsch dem Rudel gefolgt sein und ich hatte das in meiner Aufregung nicht bemerkt? Gewissensbisse, Zweifel, Skrupel – was kann nicht alles die letzten Minuten eines Treibens wie eine Ewigkeit erscheinen lassen.

Das Verstellen der Schärfe am Zielfernrohr und angestrengtes Starren bestätigen meinen Fehlabschuss. Im Geiste sehe ich bereits das mitleidige Gesicht des Jagdherren, und mir wird heiß und kalt.

Als ich endlich nach langer und banger Wartezeit meinen Sitz verlassen darf, schleiche ich mich voller Zweifel zu dem erlegten Stück .... und atme auf – alle meine Ängste und Zweifel waren unbegründet: Ein dicker Zweig hatte mir die Schaufel eines starken Damhirsches vorgetäuscht. Erleichtert schnaufe ich erst einmal tief durch.

Mein Anteil an der großen Gesamtstrecke war diesmal nur gering. Das „Teamwork“ mit meinem Hund aber und der stimmungsvolle Jagdtag, geplagt von Zwiespalt, Verzweiflung, Befürchtungen sowie schließlich gutem Ausgang werden neben den vielen anderen schönen Erinnerungen dieses Jagdjahres einen besonderen Platz in meinem Gedächtnis einnehmen.

JAGDLICHES NEULAND

Drückjagdzeit – wieder einmal erhielt ich eine Einladung. Ich freue mich ganz besonders auf den Tag, weil es das erste Mal sein wird, dass ich an einer Jagd auf der Insel Rügen teilnehmen darf.

Stralsund liegt hinter mir. Auf dem Rügendamm überquere ich den Strelasund, der mich zur Insel bringt. In etwa zwanzig Minuten habe ich die Insel durchquert und erreiche die Ostküste und dort das Städtchen Binz. Für diese Strecke benötigt man in der Hochsaison ein bis zwei Stunden, weil Karawanen von Urlaubern den Verkehr zum Stillstand bringen. Jetzt im Winter berührt der Massentourismus, der nicht gerade zu den Freuden der Jäger auf Rügen zählt, mich nicht.

Dass die Insel Rügen ein Dorado für Jäger war, weiß ich aus den etwas wehmütigen Erzählungen von Verwandten, die dort früher große Besitzungen hatten. Dass es trotz des intensiven Freizeitbooms, teilweiser Zersiedlung und geänderter Besitzverhältnisse immer noch so ist, davon kann ich mich nun auf dieser Drückjagd selbst überzeugen.

Beim Jäger muss beginnen,
was leuchten soll im Waidwerk.

EUGEN WYLER

Es herrschen Temperaturen knapp über dem Gefrierpunkt. Einige Jagdhornbläser haben mit dem Anblasen Schwierigkeiten. Beim Signal „Sammeln“ und spätestens danach, als „Begrüßung“ erklingt, habe ich Mitleid mit unseren Hunden, die ihr Missfallen über die vielen Dissonanzen durch lautes Jaulen zu äußern scheinen, was mir leider versagt ist.

Die Tage sind noch kurz, deswegen hält sich der Jagdherr mit der Begrüßungsrede nicht lange auf, und schon bald habe ich meinen Stand eingenommen. Vor mir erstreckt sich eine weite Moorfläche. Trotz allerlei dichtem Erlen- und Weidengestrüpp ist sie gut einsehbar. Von dort erwarte ich auch das Wild.

Eine zwar aufregende, aber vergleichsweise „gemütliche“ Jagd kann es werden, denn Wild verrät sich auf den verkrusteten Schneeflächen und dem hartgefrorenen Gras schon auf große Distanz. Man hört es bereits von weitem kommen und kann sich entsprechend vorbereiten, muss nicht das ganze Treiben hindurch konzentriert die Ohren spitzen, sondern wird deutlich und rechtzeitig vorgewarnt.

Kaum sitze ich fünf Minuten, da höre ich es erst ganz verhalten, dann immer lauter im Schnee knirschen. Zwei Schüsse fallen und Gesa schaut konzentriert hinter meinen Sitz,

als eine Rotte vorbeiflüchtet: Bache, Überläufer und Frischlinge, knapp dreißig Gänge entfernt. Gut vorbereitet, kann ich zwei Frischlinge schießen, beide liegen im Feuer.

Ein guter, ein viel versprechender Anfang!

Der Schnee ist weitgehend weggetaut. Nur dort, wo die Januarsonne noch nicht hingelangt ist, liegen hart verkrustete und grob kristallige Reste. Auf großen Flächen schimmert der Boden schon wieder braun hervor, wie das Gras vor mir im Moor und das Heidekraut hinter mir unter den Kiefern.

400 Meter rechts von meinem Stand sitzt mein Nachbarschütze, ebenfalls auf einer offenen Kanzel an der großen Moorfläche. Acht Schweine flüchten wie an einer Perlenschnur aufgereiht auf ihn zu. Jeden Augenblick erwarte ich den Knall seines Schusses, denn die Sauen kommen dem Stand immer näher. Obwohl sich das Geschehen weit von mir entfernt abspielt, beutelt mich das Jagdfieber so, als kämen die Schwarzkittel zu mir. Eine hervorragende Situation, um eine Dublette, Triplette oder noch mehr zu schießen, denke ich, aber erst als die Rotte den Sitz meines Nachbarn passiert hat, fällt ein einzelner Schuss, und alle Sauen verschwinden gesund zwischen den dichten Kiefern. Trotz der großen Entfernung höre ich sie noch über den vereisten Untergrund flüchten.

Andere Jäger haben eben mehr Schwein ...

Zwanzig Minuten mögen vergangen und ebenso viele Schüsse bereits gefallen sein, da trollen auf 150 Meter Entfernung vor mir elf Sauen durch das Moor. Der Wind weht zu mir her, ich höre es krachen und brechen.

Für einen sicheren Schuss auf flüchtiges Wild ist die Entfernung zu groß, ich bin schließlich Jäger und nicht Kunstschütze. Ich gehe zur Jagd, um auf akzeptable Entfernung Wild zu erlegen, und nicht, um es mit riskanten weiten Schüssen zum Objekt meiner Selbstbestätigung zu degradieren. Weite Schüsse sind bei gut organisierten und abgestellten Jagden überflüssig – und im anderen Fall kein „Ersatz" – und dienen lediglich dem zweifelhaften Renommee des Schützen.

Kurz nachdem ich die Sauen nicht mehr sehen kann, knallt es drei-, viermal und dann noch einmal, etwas weiter links zweimal. Dann herrscht wieder Ruhe.

Ein Fischreiher klaftert vorüber. Für ihn sind schwere Zeiten angebrochen. Seine Jagdgründe sind vereist, er muss nach anderen Nahrungsquellen suchen.

Was gibt's wohl Schön'res auf der Welt
als freies, frohes Jagen,
als Jägerlust und Waidmannsfreud!
Weißt anderes du zu sagen?

*Wie trefflich deine Büchs
auch sei, eins musst du stets
bedenken:
Sie sendet willenlos das Blei,
du aber musst es lenken!*

Einer der Forstbeamten erzählte mir später, dass sich die scheuen Vögel ebenso, wie man es von Kolkraben kennt, nach der Jagd an den Aufbrüchen einfinden und davon fressen.

Vom Moor her weht ein eisiger Wind. Bereits nach einer Stunde bin ich arg durchgefroren, mache mich klein, ducke mich tief hinter die Brüstung meines Sitzes, aber auch das gibt mir kaum nennenswerten Schutz vor der Kälte.

Hinter mir in einer der Kiefern pocht leise ein Buntspecht an einen trockenen Ast, sonst wird die herrliche Stille nur ab und an von Schüssen oder entferntem Hundegeläut unterbrochen. Kein Knirschen im verharschten Schnee, kein Brechen, kein anwechselndes Wild vernehme ich. Kleiber warnen, aber es erscheint kein Wild.

Plötzlich knallt es wieder bei meinem rechten Nachbarn. Ich sehe, dass er aufgestanden ist, nach hinten gewendet in Anschlag geht und versucht, durch das Zielfernrohr etwas zu erspähen, dann setzt er sich wieder.

Kurz danach fallen vom Stand meines linken Nachbarn schnell hintereinander zwei Schüsse und sorgen erneut für innere Anspannung.

Wieder bricht es hinter mir. Wild flüchtet vorüber. Die Büchse bereits in Voranschlag, starre ich gebannt zu den Kiefern, suche in der Lücke eine Bewegung zu erhaschen, aber es herrscht bald wieder Ruhe, ohne dass ich ein Stück gesehen habe.

Weit draußen im Moor gewahre ich auf einer Schneefläche eine Bewegung. Nach angespanntem Starren mache ich zwei Sauen aus. Zügig trollen sie auf meinen Sitz zu. 50, 40, 30 Gänge sind es schließlich noch, die uns voneinander trennen, und ich male mir im Geist bereits eine perfekte Dublette aus, als ich die erste Sau klar im Zielfernrohr habe. Überheblichkeit und übertriebene Selbstsicherheit aber sind auf der Jagd fehl am Platz. Ich schieße den Überläufer mit dem ersten Schuss vorbei und treffe nach schnellem Repetieren auch mit dem zweiten nicht sauber. Von meiner Überheblichkeit kuriert, kann ich die Sau wenige Sekunden später erlösen. Als der Fangschuss fällt, ist der zweite Kujel längst zu weit und hat sich in Sicherheit gebracht.

Bald höre ich wieder Wild aus dem Moor auf mich zukommen. Leise und verhalten knirscht es dort, wo das Gezweig der Weiden fast an die Kieferndickung stößt und nur ein höchstens zehn Meter breiter Streifen ein schmales Schussfeld zwischen den beiden Beständen lässt. Ich vermute einen heranschnürenden Fuchs, und langsam wandert die Mündung meiner Büchse in die Richtung, aus der es immer wieder verhalten bricht.

Plötzlich erspähe ich eine einzelne Sau, riesig, kapital, wie ich sie in Deutschland in freier Wildbahn noch nie gesehen habe. Die kleinste Deckung geschickt ausnutzend, zieht sie höchstens 50 Gänge an mir vorüber. Im Zielfernrohr erkenne ich durch Zweige und Äste immer wieder verdeckt einen gewaltigen Keiler. So lang wie Zigaretten ragen die Gewehre aus seinem Gebrech.

Vor Aufregung fange ich noch einmal an zu zittern, da verhofft der Basse. Ich erkenne ihn nur als Silhouette. „Wenn er über die schmale Schneise kommt, ist es ein leichter Schuss", rast es mir durch den Sinn, und ich warte, die Büchse im Anschlag, bewegungslos wie mein Gegenüber.

Wahrscheinlich sind es nur Sekunden, die mir aber wie Minuten vorkommen, da springt die Sau aus dem Stand in wenigen Sätzen über die schmale Schneise, so rasend schnell, dass sie bereits von den tief hängenden Kiefernzweigen wieder verdeckt ist, als ich abdrücken will.

Der Ärger über meine schlechte Reaktion, über die vergebene Chance, einen Lebenskeiler zu schießen, hält nicht lange an. Vielleicht war er rauschig und sein Wildbret gar nicht zu verwerten. Nur der starken Waffen wegen, nur um der Trophäe willen wäre er dann gefallen, theoretisiere ich, um mich über die verpasste Gelegenheit hinwegzutrösten.

Ich sehe, wie der Nachbar aufsteht und dann die Leiter runtersteigt. Ein Blick zur Uhr bestätigt mir das Ende des Treibens. Die Zeit war so schnell vergangen, dass ich nicht gemerkt hatte, wie sie verrann. Ich lausche noch einmal intensiv, und dann ist auch für mich vorerst „Hahn in Ruh".

Obwohl ich mich wegen des kalten Windes immer wieder erhoben und hingesetzt habe, friere ich erbärmlich und bin nicht traurig, dass das Treiben zu Ende ist und ich mir durch das Aufbrechen der drei Sauen Bewegung verschaffen und wieder warm werden kann.

Nach der roten Arbeit räumen Treiber, Schützen und Hundeführer den im trüben Himmel über uns kreisenden Reihern und erwartungsvoll rufenden Kolkraben das Feld und ohne zu zögern geht es zum Sammelplatz. Dreieinhalb Stunden voller Spannung und Aufregung liegen hinter mir und die Neugier und Erwartung auf den zweiten Drückjagdtag wächst.

Am nächsten Tag sitze ich auf einem niedrigen Ansitzbock an einem breiten Holzabfuhrweg. Hinter mir erstreckt sich ein wohl 50 Jahre alter, noch nicht durchforsteter Fichtenbestand, vor mir stehen Kiefernkusseln, die in ein gut einsehbares Kiefernaltholz übergehen.

Bereits beim Angehen fallen mehrere Schüsse und beschleunigen meinen Gang. Ich bin erst wenige Minuten auf meinem Sitz, da starrt Gesa schon gebannt in den Fichtenbestand hinter mir. Dort steht ein Rudel Damwild, zieht misstrauisch, immer verdeckt durch tief hängende Zweige, hin und her, ohne Anstalten zu machen, den Weg zu überfallen. Trotz der harten Schneedecke habe ich es nicht kommen hören, wohl auch nicht mit Wild aus dieser Richtung gerechnet. Minutenlang beobachte ich das Verhalten des unruhigen Wildes durch das Zielfernrohr, ohne schießen zu können.

Rund um mich herum fallen Schüsse. Unbeirrt davon steht das Rudel nun bewegungslos 50 Gänge von mir entfernt, bis ich mich nach langem Warten und konzentriertem Beobachten entscheide und ein Kalb beschieße, von dem ich glaube, es stehe frei.

Behüt das Wild vor Mensch und Tier, zumal
verkürze ihm die Todesqual!
Sei trotzdem rau, doch immer mild,
dann bleibet blank dein Ehrenschild.

Nach dem Knall des Schusses bemerke ich keine Reaktion bei dem Rudel. Nach wie vor verhofft es regungslos, und erst als ich ärgerlich über mich selbst, über meine Unkonzentriertheit und den schlechten Schuss repetiere, springt die ganze Gesellschaft in ungelenken Sprüngen ab.

Niemals möchte ich es wagen,
ohne guten Hund zu jagen;
wo er fehlt, wo's immer sei,
wird die Jagd zur Luderei.

KONRAD ANDREAS

Mir bleibt nicht viel Zeit, um mit mir und der Welt zu hadern, der Hund starrt erneut zu den Fichten. Wieder höre ich kein Wild, erspähe dann aber Damtier und Kalb, die zehn Meter vor dem Weg verharren und sichern. Es beginnt wieder eine kurze Geduldsprobe für mich, aber diesmal habe ich mich in der Gewalt. Als das Tier in zwei Fluchten den Weg überfallen hat und das Kalb erscheint, bin ich gewappnet. Im Schuss bricht es sofort auf dem Weg zusammen. Den Knall der Büchse hat es wohl nicht mehr gehört.

Das Tier flüchtet im Halbkreis um meinen Sitz, wird dann langsamer, und da komme ich zwischen den einzelnen Kiefernstämmen noch einmal zum Schuss, aber leider zu weit hinten ab. Doch bevor das Stück in den Kiefernkusseln verschwindet, fällt der Fangschuss.

Erleichtert lehne ich mich zurück, aber wieder bleibt nicht viel Muße, die ereignisreichen vergangenen Minuten zu überdenken. Auf demselben Wechsel, auf dem Tier und Kalb erschienen, trollt erneut ein Damwildrudel heran. Am Rande des Weges fällt erneut ein Kalb, der Rest des sechsköpfigen Trupps prescht zwischen den Kiefern davon. Noch knapp 150 Meter kann ich sie sehen, verfolge die Flucht durchs Zielfernrohr, aber einen sicheren Schuss zu platzieren ist unmöglich.

Nun konzentriere ich mich sehr auf diesen Wechsel und bemerke erst viel zu spät, dass auf der anderen Seite drei Stück Damwild über den Weg flüchten.

Durch die Kiefernkusseln ziehen kurz darauf zwei Rehe auf uns zu. Gesa hat sich zusammengerollt und schläft fest, sie hat das Wild nicht wahrgenommen. Wahrscheinlich sind es Ricke und Kitz. Sicher ansprechen kann ich aber nicht, immer nur für einige Lidschläge sehe ich eines der Stücke halb verdeckt, sodass es auch zum Schießen nicht reicht.

In der zweiten Hälfte des Treibens fallen nur noch wenige Schüsse.

Drei Stunden sind für die Hunde eine lange und anstrengende Zeit. Die Suche der passionierten Vierläufer ist nicht mehr so konzentriert wie zu Anfang der Jagd. Zuviel Wildwitterung, zu viele verschiedene Fährten von Schwarz-, Dam- und Rehwild stehen auf dem Boden, dazu ziehen bereits frische Spuren von Hase und Fuchs durch das Revier. Die Hunde sind müde, werden nach so langem Jagen unkonzentriert und unsicher. Kaum können sie noch eine bestimmte Fährte oder

Spur über eine größere Entfernung hinweg halten. Das Wild, gewitzter geworden, macht dazu jetzt noch geschickte Widergänge und lässt sich von seinen Verfolgern kaum noch beeindrucken.

Fast in letzter Minute kommt noch ein stärkeres Rudel durch das hohe Holz zu meiner Rechten zielstrebig auf die Kiefernkusseln zu. Kurz bevor es die Kusseln erreicht, wird es langsamer. Die Entfernung ist gering, und so ist der Schuss auf ein Kalb nicht schwierig, obwohl es durch die Bäume immer wieder verdeckt wird. Im Schuss sehe ich es zusammenrucken. Bevor ich nachschießen kann, hat die Dickung es aufgenommen.

Am Schluss des Treibens quält mich nun wieder Ungewissheit, da ich erst nach dem Ende, um 14 Uhr, an die Stelle gehen darf, an der ich das Kalb beschoss. Sie ist dann aber einfach zu finden, denn eine kleine Eiche, die immer noch ein paar braune Blätter aus dem vorigen Jahr trägt, gibt mir Orientierung, und als Gesa und ich zu dieser Stelle kommen, leuchten uns bereits hellrote Schweißspritzer entgegen. Nach 20 Gängen führt mich die Hündin zu dem verendeten Kalb.

Vier Stück Damwild müssen nach Ende des Drückens von meinem Stand gebracht werden. Zufrieden verlasse ich am späten Abend die Insel, die mir viele neue Eindrücke, Jagdfreundschaften und reiche Beute beschert hat, und träume von einem Keiler mit starken, über 20 Zentimeter langen Waffen.

Ich habe zweimal über dreieinhalb Stunden lang Spannung pur erlebt, zweimal mehr als 210 Minuten aufregende Jagd, ich habe ein stimmungsvolles Schüsseltreiben überstanden und das Ende am lodernden Feuer verbracht. Und dabei durchströmt meinen Körper noch immer eine wohltuende Wärme, denn der Eintopf aus der Gulaschkanone – krönender und kulinarischer Abschluss der Jagd – war kaum zu überbieten.

Das Waidwerk ist es,
das dir über die dunklen Tage hinweghilft.

EUGEN WYLER

HERAUSFORDERUNGEN

Auch Vorfreude kann manchmal quälend, ja mitunter sogar schmerzhaft sein.

Für mich war die Wartezeit zwischen dem Tag, an dem Dr. Stahl mich am Telefon zu einer Drückjagd einlud, bis zum Beginn der Jagd fast unerträglich. Laut Aussage meiner Familie reagierte ich, während ich der Jagd im Süsing entgegenfieberte, immer gereizter.

Doch jede Zeit geht einmal vorüber, und endlich lausche ich der Begrüßungsrede des Jagdherrn.

Die Leitlinien dieses „Preußen in Hannover", wie er sich selber einmal bezeichnete, sind unmissverständlich: „Verendet ein Stück nach dem Schuss nicht in Sichtweite des Schützen, gilt für diesen Stand ‚Hahn in Ruh'. Nicht mehr als drei Stück Wild von einem Stand – die anderen wollen schließlich auch noch was schießen. Kein Schuss auf flüchtiges Rehwild. Wild mit einem schlechten Schuss muss von dem Schützen käuflich erworben werden. Für Fehlabschüsse wird doppelter Jagdbetriebskostenbeitrag erhoben."

Auf dieser minutiös durchorganisierten Drückjagd habe ich nur selten einmal eine „Panne" erlebt, alle Gäste lebten in der Furcht des gestrengen Forstamtsleiters, und ich liebe diese Disziplin.

Zwei Schützengruppen werden dann auf geländegängige Fahrzeuge eingeteilt, und ab geht es in den Wald. Zehn Minuten später trotten vier flüsternde Jäger hinter dem anstellenden Forstbeamten zu ihren Ständen.

„Ein sehr guter Stand" – mit diesen aufmunternden Worten verabschiedet der Revierförster schließlich auch mich auf meinem Stand.

Derselbe Stand war mir bereits im vergangenen Jahr einmal zugeteilt worden, und nun stehe ich in dieser Jagdzeit schon das zweite Mal hier, allerdings bin ich jedes Mal von einem anderen Beamten eingewiesen worden.

Schmunzelnd rufe ich der Korona leise nach: „Noch ist es nur ein sehr guter Stand, nach der Jagd wird er berühmt sein!" Mit breitem Grinsen verlassen mich die übrigen Schützen, um ihre Plätze einzunehmen.

Ich bin mit meiner Hündin Gesa allein. Meine Gedanken wandern zurück, als ich schon einmal hier an dem kleinen

Der Adler fliegt allein, die Krähe scharenweise, Gesellschaft braucht der Tor und Einsamkeit der Weise.

Buchenstamm stand, der damals noch braun belaubt war und an dem sich wilder Knöterich emporrankte. Es war im November vor zwei Jahren und meine erste Jagd in diesem Forstamt.

Vor mir hatte sich Fichtenanflug ausgesamt, dicht wie die „Haare auf dem Hund". Die Treiber waren noch weit entfernt, trotzdem beschleunigte sich mein Puls, als ich in der Ferne das Geläut zweier Hunde vernahm. Gebannt klebten meine Blicke an der Dickung vor mir. Es herrschte aber schon bald wieder Ruhe und Stille. Die Augen wanderten gespannt nach rechts und nach links, und allmählich entspannte sich mein Körper wieder. Allerdings nur für kurze Zeit. Feines Knacken vernahm ich, leise, aber laut genug, um meine Augen erneut an den Dickungsrand zu zwingen.

Meine Kleine-Münsterländer-Hündin saß ebenfalls vor gespannter Aufmerksamkeit wie in Erz gegossen. Vom Rande der Dickung kam damals ein Überläufer auf mich zu und überfloh zwanzig, vielleicht auch dreißig Gänge links von mir den breiten Sandweg. Kurz bevor er im angrenzenden Bestand verschwinden konnte, erreichte ihn meine Kugel.

Am Anschuss lag, wie ich nach dem Abblasen feststellte, Lungenschweiß, und meine junge Hündin führte mich die 30 oder 40 Gänge zu dem verendeten Kujel.

Verunsichert verhielt sie damals. Ich musste sie ordentlich anrüden, der vor ihr liegende braune Geselle war ihr unheimlich, denn zum ersten Mal kam sie in ihrem noch jungen Hundeleben so nahe an eine Sau heran. Schließlich überwand sie zwar ihre Scheu und begann, den „Frosch" ordentlich zu zausen. Als ich sie aber genossen machen wollte, lehnte sie das Stück Leber mit hochgezogenen Lefzen ab, als würde sie sich vor der frischen Schwarzwildwitterung ekeln.

Im Januar des folgenden Jahres postierte mich Dr. Stahl dann höchstpersönlich auf diesen Stand. „Weil es das letzte Mal so gut geklappt hat", lachte er, sich an mein Waidmannsheil erinnernd, und schon war ich wieder mit meiner Hündin und meinen Gedanken allein.

Die letzten Tage der Jagdzeit waren angebrochen: Die Buche trug immer noch ihr braunes Herbstkleid, am Knöterich aber sprossen bereits wieder kleine hellgrüne Blättchen. Sonst hatte sich in der Zwischenzeit kaum etwas in meiner Umgebung verändert. Lediglich der Bestand hinter mir war geläutert worden, und man konnte ihn besser als im Vorjahr einsehen.

Dein Hund verrät mir, wie du jagst,
selbst brauchst du nichts zu sagen;
und wenn du über jenen klagst,
packst du dich selbst am Kragen.

HANS GRAF ZU MÜNSTER

Vor dem Anblasen flüchteten auf weite Entfernung drei Rehe aus dem Treiben. Die Hündin verfolgte sie gespannt mit den Augen, bis die wippenden Spiegel im Stangenholz verschwunden waren. Nach kurzem Warten drehte sich meine Jagdbegleiterin mehrmals im Kreis und ließ sich dann leise stöhnend zu Boden plumpsen. Die Abstammung vom Wolf lässt sich bei ihr, im Gegensatz zu manch anderen gezüchteten Hunderassen, bei denen ich mitunter Zweifel hege, nicht verleugnen.

Ihre Ruhepause dauerte nicht lange. In das tickende Rufen eines Kleibers hallte der Knall zweier rasch aufeinander abgegebener Schüsse, die die Hündin lediglich mit kurzem Aufwerfen quittierte. Dann aber erhob sie sich doch ruckartig und starrte zitternd in die jungen Fichten vor uns.

Auch meine Aufmerksamkeit, die bis dahin den dicken braunen Knospen eines arg verbissenen Buchenbusches und den silbrig glänzenden Regentropfen daran gegolten hatte, konzentrierte sich auf die Dickung vor uns.

Fast unmerklich drehte die Hündin damals den Kopf, während sie gebannt hinüber zu den jungen Fichten schaute. Dann vernahm auch ich leises Brechen und kurz danach das Grunzen einer Sau. Schließlich hörte ich trotz des weichen und feuchten Waldbodens, wie sich Wild näherte, am Dickungsrand aber, für mich unsichtbar, verhoffte.

Wie oft verzweifelt man in solchen Situationen an den eigenen, verkümmerten Sinnen und bewundert die seines Hundes, der aus dem leisesten Windhauch sichere Schlüsse ziehen und Geräusche genau zu deuten weiß, die das menschliche Ohr kaum wahrnimmt.

Die Büchse lag im Voranschlag – spannende Sekunden vergingen, während meine Augen abwechselnd zu den erwarteten Sauen und zu meinem Hund wanderten.

Wie von einem Katapult abgeschossen, brach plötzlich ein starkes Stück Schwarzwild hervor, gefolgt von drei, vier, fünf schwächeren braunen Sauen. Erwartet und erhofft, aber doch so überraschend erschienen sie, dass ich erst auf das letzte „Fuckelchen“ zu Schuss kam. Das lag dann auch im Feuer.

Worüber ich mich damals mehr freute – über meine junge Hündin, die mir das Wild so vorschriftsmäßig angezeigt hatte, oder über den gelungenen Schnappschuss – weiß ich nicht mehr. Jedenfalls waren wir beide mächtig stolz!

Nun liegt Neujahr schon wieder einige Tage hinter uns. Es ist, wie erwähnt, die dritte Jagd, die ich in diesem Revier mitmache, und ich stehe zum dritten Mal an der kleinen Buche am Sandweg. Die jungen Fichten vor mir haben in der Zwischenzeit einen tüchtigen Trieb geschoben, sind aber immer noch nicht einzusehen.

Es ist ein diesiger, ein recht ungemütlicher Tag. Leichter Nieselregen sprüht vom Himmel, als ich zum Stand gebracht werde.

Bei der obligatorischen Anschlagübung offenbart der Blick durch mein Zielfernrohr, dass es beschlagen ist. Behutsam wische ich die Linsen klar, blicke erneut hindurch und bin zufrieden. Ich halte das Gewehr von nun an so unter der Achsel, dass die Optik trocken bleibt.

Schließlich lässt der Regen nach und hört dann ganz auf. Der Wind singt sein dunkles Lied, spielt mit den Zweigen der vor schwerer Nässe tief herabhängenden Fichtenäste, bewegt sie schwerfällig und rauscht durch die hohen Baumkronen.

Ab und an wird die einschläfernde Melodie durch einen Schuss gestört, und manchmal bringen einige Meisen Leben in dieses anhaltende wohltuende Schweigen. Ich bin mit meinen Gedanken erneut beim letzten Jahr, bei den Jagden des vergangenen Herbstes.

Der Knall mit auffälligem Kugelschlag zweier rasch hintereinander abgegebener Schüsse ist gerade verhallt, da steht Gesa, die bis dahin gelangweilt neben mir gesessen hatte, auf. Ihre ganze Aufmerksamkeit gehört den jungen Fichten, beziehungsweise dem Brechen darin, das ich nun auch vernehme: In diesem Augenblick wollen Sauen den Weg überfallen.

Alles geht rasend schnell. Vorgewarnt durch meine vierläufige Begleiterin liegt die Büchse längst vor der Schulter – auf dreißig, vierzig Gänge erhält die zweite Sau der Rotte die Kugel. Obwohl ich sofort repetiere, reicht die Zeit nicht mehr für einen weiteren Schuss. Alle Schwarzkittel sind zwischen den kleinen Fichten verschwunden, bevor ich erneut einen von ihnen ins Absehen des Zielfernrohres bekomme.

Die beschossene Sau war im Schuss zusammengeruckt, kurz höre ich sie noch in der Dickung poltern, dann herrscht wieder Stille um uns herum.

Gesa drängt sofort zum Anschuss. Beruhigend rede ich auf sie ein, bis endlich abgeblasen wird und ich sie von ihrer Ungeduld befreien kann.

Das Waidwerk ist aus einem Grunde
so maßlos schön zu jeder Zeit:
Es hält für dich zu jeder Stunde
ein ungeahntes Glück bereit.

Die Eingriffe im Sand sind schnell gefunden. Am Rande des Weges verweist Gesa dunklen Schweiß, und nach wenigen Schritten Riemenarbeit wird die gestraffte Hundeleine schlaff. Unter tiefhängenden dichten Zweigen entdecke ich den Überläufer, dem Gesa voller Passion an die Schwarte geht. Beglückt schleife ich unsere Beute aus der Dickung auf den Weg, breche sie auf und warte auf den Beamten, der mich abholen soll.

Es ist ein großes Treiben gewesen, und es dauert deshalb entsprechend lange, bis der Förster schließlich den breiten Sandweg entlang auf mich zukommt. Kurz bevor er meinen Stand erreicht, bückt sich der Beamte, hebt etwas am Rande des Weges auf und betrachtet es kurz. Dann zeigt er mir seinen Fund, eine durch die Jahreszeiten verwitterte Messinghülse und lächelt: „8x57 – das Kaliber schießen Sie doch auch, oder?“ Ich nicke.

„Diese Hülse liegt wohl von der letzten Jagd noch da. Vielleicht hat auf diesem Stand schon mal jemand Glück gehabt“, freut er sich und streckt sie mir entgegen. „Vielleicht auch vom Jahr davor“, entgegne ich, und nehme die dunkle Patronenhülse nachdenklich aus seiner Hand.

Dieser Stand hat sich fest in meinem Gedächtnis eingeprägt, ich werde ihn wohl so schnell nicht vergessen, genauso wenig, wie den im Revier eines langjährigen Bekannten und Jagdgefährten: Ein schmaler Sandweg wird an beiden Seiten von einem mit Heide und Gras bewachsenen Randstreifen

umsäumt, und die Sicht ist auf diesem Stand derart eingeschränkt, dass nur ein höchstens zehn Meter breites Schussfeld frei bleibt; dieses Schussfeld wird zudem noch von einer dichten jungen Kiefernverjüngung und Douglasienunterbau begrenzt.

Lediglich an einigen Stellen kann man noch in den wenigen Lücken ein paar Schritte in den dichten Bestand sehen.

Ich sitze heute am Rande dieses schnurgeraden Weges, kann zwar nach zwei Seiten über einhundert Meter weit blicken, Ansprechen und Schießen wird aber, wenn nicht unmöglich, so doch gewiss sehr schwierig.

„Auf diesen Stand muss ein guter Schütze", hat man mich eingewiesen.

Ist das nicht ein Armutszeugnis für den Jagdherrn? Schlechte Schützen sollten gar nicht eingeladen werden, und es gibt doch fast immer Möglichkeiten, einen Sitz so vorzubereiten, dass entweder genügend Schussfeld vorhanden ist, oder den Stand so zu verlegen, dass der Jäger das Wild frühzeitig kommen hört oder sieht. Schlechte Stände sollten gar nicht besetzt werden. Ich bin verärgert.

Ganz sanft spielt der Wind mit den Zweigen der alten Kiefern, und leise rauscht es in den hohen Kronen in ständigem Auf und Ab, sonst ist kaum etwas zu hören. Wald und Wind schlucken die Geräusche um mich herum. Da heißt es doppelt aufmerksam sein, sich noch stärker konzentrieren, um anwechselndes Wild vernehmen zu können.

Gesa, die neben mir sitzt, tut sich an diesem diesigen Tag auch schwer mit der Wahrnehmung von Wild.

Ständig wandert mein Blick von östlicher in westliche Richtung und zurück, um ja kein Wild zu verpassen, wenn es den Weg überfallen sollte.

Das leuchtende Warnband habe ich vom Hut abgenommen und mir um den Hals gelegt, damit die fortwährenden Kopfdrehungen nicht noch auffälliger wirken und noch zusätzlich vom Wild wahrzunehmen sind.

Irgendwo ruft ein Waldkauz und die dumpfen Balzrufe erinnern mich daran, dass die Jagdzeit bald vorüber ist. Der Hornung, der Februar, steht vor der Tür.

Waldarbeiter hatten bereits einen Kessel mit wenige Tage alten Frischlingen gefunden. Dadurch, dass in manchen Rotten keine intakte Sozialstruktur mehr gegeben ist, Überläuferbachen rauschig und beschlagen werden, manche Bachen sogar zweimal im Jahr frischen, ist es für mich die letzte Drückjagd in diesem Jagdjahr.

Immer wenn meine Blicke der östlichen Richtung des Weges folgen, glaube ich im Westen etwas zu verpassen und drehe meinen Kopf wieder rasch nach dort. So geht es hin und her, her und hin, bis ich allmählich ruhiger werde. Nach einer halben Stunde sind meine Kopfbewegungen behutsamer, und dann verhalten die Blicke schon mal mehrere Augenblicke länger in einer Richtung.

Insgeheim wundere ich mich immer noch, dass man mir auf diesem Weg einen Stand zugeteilt hat ... Da fällt ganz in der Nähe ein Schuss, und deutlich konnte ich auch Kugelschlag hören. Wahrscheinlich war das mein unmittelbarer Nachbar, der seinen Stand im Hochwald bezogen hat, ca. 500 Meter von mir entfernt.

Gebannt blicke ich in die Richtung, aus der der Büchsenknall herüberhallte, und sehe aus den Augenwinkeln, dass Gesa auch dort hinstarrt und am ganzen Körper zittert.

Vorsichtshalber gehe ich in Voranschlag, und da flüchtet schon von rechts nach links eine starke Sau über den Weg, ein Frischling folgt ihr. Als der dritte Schwarzkittel, ebenfalls ein Frischling, erscheint, bin ich gewappnet, habe ihn im Absehen des Zielfernrohres, ziehe mit, und im Schuss sehe ich, dass er über Kopf geht und am Rand des Weges liegen bleibt.

Während ich im Anschlag an der Schulter repetiere, purzeln noch drei Frischlinge über den Weg, sind aber so rasend

schnell, dass sie längst wieder verschwunden sind, ehe ich erneut schussbereit bin.

Vorsichtshalber bleibe ich noch einige Augenblicke mit entsicherter Büchse im Anschlag. Erst als kein Nachzügler mehr zu erwarten ist, lasse ich die Waffe langsam sinken. Doch da beginnt Gesa wieder am ganzen Körper zu beben. Ich hatte der Rotte nachgeschaut, als sie links im Bestand verschwand, starre nun wieder nach rechts, nach dort, wo sie auf dem Weg erschien, und da kommt noch eine Sau, ein Überläufer. Blitzschnell will er den Weg überfallen. Reflexartig reiße ich das Gewehr erneut hoch und schieße, als führe ich meine Flinte beim Frettieren auf Kaninchen.

Ich registriere dumpfen Kugelschlag, die akustische Bestätigung, dass es kein Hirngespinst, kein Traum ist, dem ich erlegen bin, und sehe dann im Durchrepetieren die verwirrende Wirklichkeit. Denn der Überläufer flüchtet rasend schnell weiter, vorbei an dem verendeten Frischling am Wegrand, stürmt schnell wie ein Schatten davon, ohne dass ich ein Zeichnen wahrnehmen kann – doch ich glaube, ihn nach wenigen weiteren Fluchten zusammenbrechen zu hören.

Am Ende der Jagd folge ich der Schweißfährte und finde erleichtert die Sau. Sie ist zehn Meter vom Wegrand entfernt verendet.

Auf der ganzen Jagd waren nur drei Schüsse gefallen und es liegen drei Sauen. „Ja", denke ich, als ich den Überläufer auf den Weg ziehe, „der Jagdherr hat Recht, auf diesem Stand braucht's einen reaktionsschnellen Jäger oder aber einen Hund als ‚Frühwarnsystem'. Wenn beides zusammenkommt und man dazu noch entsprechendes Glück hat, dann ist es eigentlich doch ein recht reizvoller Stand ..."

Nicht das, was
einer niederlegt,
nur, was ihm dabei
das Herz bewegt
und was er fühlt
bei jedem Stück,
ist Jägerglück.

SCHNEETREIBEN

Endlich hat es wieder einmal geschneit, darauf fiel zwei Tage später eine Neue und dann klingelte das Telefon: „Sauen fest – Kreisen in kleinem Kreis!“

Wir sind nur sechs Schützen und zwei alte Waldarbeiter als Treiber. Mit ihnen verbinden mich Erinnerungen an mehrere gemeinsame und erfolgreiche Jagden in den vergangenen Jahren. Entsprechend herzlich, aber fast wortlos, um die steckenden Sauen nicht frühzeitig rege zu machen, ist die Begrüßung.

Die Dickung, an der auf einem viel begangenen Wechsel seit mehreren Jahren der niedrige, für mich bestimmte und mir noch vertraute Ansitzbock steht, ist erstaunlich schnell gewachsen. Es kommt mir aber wohl nur so vor, weil ich seit drei oder vier Jahren hier nicht mehr gesessen habe.

Links von meinem Platz ist im Schnee frisch gebrochen geworden. Auf dem nun an die Oberfläche getretenen schwarzen Erdreich und den braunen vergehenden Blättern hüpfen allerlei Vögel herum und suchen nach Käfern und anderen Kerfen, die in den oberen Bodenschichten durch die Sauen unsanft aus ihrem tiefen Winterschlaf gerissen worden sind und nun eine leichte und willkommene Beute der Vögel werden.

Langsam wandern die vielen kleinen und großen hellen Sonnenflecken mit dem Stand der Sonne auf dem Boden dahin, geben der Umgebung jeden Augenblick ein anderes Aussehen. Ständig verändern sie ihre Größe und verwandeln ihre Form, bestrahlen die Baumstämme und lassen sie kurze Zeit später wieder im dunklen Schatten zurück.

Es ist frostig kalt und schmerzt, als ich unachtsam mit meinen bloßen Fingerkuppen den blanken Lauf meiner Büchse berühre.

Ab und an befreit sich einer der Äste von seiner Schneelast und schnellt erleichtert in die Höhe, fast lautlos, nur wenn die schwere weiße Masse zu Boden fällt, hört man einen dumpfen Aufprall.

Der Hund liegt unter der Leiter. Ich lehne mich entspannt und trotzdem voller Aufmerksamkeit zurück.

Es sind höchsten fünf Minuten vergangen, seitdem ich meinen Platz eingenommen habe, die beiden Treiber sind wahrscheinlich noch nicht einmal losgezogen, sondern warten noch, bis alle Schützen an Ort und Stelle sind – da kommt lautlos eine mittlere Sau, die ich als Überläuferkeiler anspreche, im leichten Troll durch das dicht stehende Stangenholz auf mich zu. Ihre Bewegung wirkt stockend, unbeholfen, und dann erkenne ich plötzlich mit bloßem Auge, dass der Überläufer hinten rechts stark schont. Trotz des dicht stehenden Holzes entschließe ich mich deshalb zum Schuss.

Doch ich fehle ich die Sau glatt. Während ich eilig nachrepetiere, beschleunigt sie ihre Flucht noch einmal, flüchtet nun direkt auf meinen Sitz zu, und nimmt meinen Hund, der sich nach dem Knall aufgerichtet hat, an.

Der gibt vor Schreck Fersengeld, die Sau läuft, nun wieder langsamer werdend, durch den hohen Schnee hinter ihm her, und mit dem zweiten Schuss kann ich sie sauber zur Strecke bringen.

Es ist kein starker Überläufer, wie von mir irrtümlich angesprochen, sondern ein schwacher, aber nicht abgekommener altkranker Keiler. Die Verletzung des rechten hinteren Oberhammers, die dem Aussehen nach vermutlich von einem Verkehrsunfall herrührt, ist wahrscheinlich schon ein halbes Jahr alt.

Es fallen keine weiteren Schüsse mehr an diesem Jagdtag. Nach einer knappen Stunde erscheinen die beiden schneebedeckten Treiber vor meinem Sitz. Einige Sauen stecken wahrscheinlich immer noch in der schneeverhangenen Dickung, lassen sich von nur zwei Männern und ohne Hunde nicht herausdrücken. Mehrere Schwarzkittel sind außerdem auf dem Rückwechsel, an dem nur ein Schütze stand, schon beim Angehen unbeschossen ausgebrochen.

Das Fazit des unzufriedenen Jagdherrn: „Wir waren zu wenig Jäger, Treiber und Hunde, und der Schnee war zu hoch."

Ich widerspreche zwar nicht, bin aber sehr zufrieden.

Wenige Wochen später flattert eine weitere Jagdeinladung auf Sauen ins Haus. Diesmal im Revier meines Freundes Georg v. Wühlisch in der Nähe von Eberswalde. Hier lag am Vortag der Jagd noch etwas Schnee, und in der Nacht hat es morgens gegen zwei Uhr wieder begonnen zu schneien. Als ich heute dann, am 21. Dezember, dem kürzesten Tag des Jahres, um sieben Uhr mit meinem Hund vor das Gasthaus trete, habe ich Mühe, die Tür nach draußen aufzustoßen: Hohe Schneewehen versperren den Weg. Im Licht der funzligen Straßenbeleuchtung sehe ich die feinen Schneeflocken waagerecht vorbeitreiben.

Rau sei der Jäger, nur nicht roh,
wie manche unsrer Alten;
verschwunden sind die Zeiten,
wo nur Faust und Flüche galten.

LUDWIG VON WILDUNGEN

Einige der zur Drückjagd geladenen Gäste plädieren beim Frühstück dafür, aus Sicherheitsgründen die Jagd abzusagen, vermutlich aber sind es eher die Nachwehen des Vorabends, die manchen das Jagen etwas verleidet hat. Ab geht es durch dichtes Schneegestöber in den bereits tief verschneiten Wald.

„Sie können rundum nach allen Seiten schießen, ohne Ihren Nachbarn zu gefährden", werde ich von einem der Jagdherren an meinem Stand verabschiedet und bin dann mit meinem Hund allein.

Während ich ihn noch einmal kurz streichele, sucht er sich bereits ein bequemes Lager unter der Kanzel. Ich steige die Leiter hinauf, streife den Schnee von Sitzbrett und Fußboden, setze mich bequem auf die Bank, mache in alle vier Richtungen Anschlagübungen und fühle mich rundherum wohl und zufrieden.

Hinter mir befindet sich eine ungefähr zehn Hektar große fünfzehnjährige uneinsehbare Kieferndickung. Vor mir steht ein Bestand aus ebenso alten Lärchen, dazwischen Birkenanflug, in den von der Kanzel aus vier bis fünf Meter breite Schneisen laufen. Ein viel versprechender Stand!

Der Wind flüstert leise, dabei schneit es unaufhörlich. Auf mein Gehör kann ich mich bei dieser Witterung nicht verlassen, und die Sinne meines Hundes sind ebenfalls überfordert.

Ab und an fällt ein Schuss und jedes Mal sorgt der Knall dafür, dass mein Herz für kurze Zeit schneller schlägt, mein Pulsschlag beschleunigt wird. Da flüchtet am Ende der linken Schneise eine Sau nach rechts. Schon liegt die Büchse vor der Schulter, die Laufmündung weist auf die nächste Schneise, und durch das Zielfernrohr blickend erwarte ich den schnellen Schwarzkittel.

Das Waidwerk ist die höchste Lust der Erden,
doch wisse stets, wenn du die Büchse spannst,
es droht dir die Gefahr, gemein zu werden,
wenn du den Schweinehund in dir nicht
zähmen kannst.

WALTER HULVERSCHEIDT

Die Sau erscheint aber nicht. Statt dessen sehe ich weit entfernt, auf einhundertdreißig oder gar einhundertfünfzig Gänge, am obersten Ende des ganz rechten Krähenfußes Schwarzwild herüberhuschen.

Kaum ist meine innere Erregung wieder etwas abgeklungen, trollt dreißig Meter vor mir eine einzelne starke Sau von rechts über die erste Schneise hinweg. Ich ziehe mit, habe sie auf der zweiten Schneise groß und klar im Absehen und schieße den zwei- bis dreijährigen Keiler auf der dritten „fiktiv" tot.

Nach einer halben Stunde, das Gewehr stets im Voranschlag, immer bereit, schnell zu reagieren und zu schießen, mit der linken Hand das Taschentuch vor das Objektiv des Zielfernrohres gepresst, damit die feinen Schneeflocken nicht auf die Optik geblasen werden, wird das angespannte Sitzen allmählich beschwerlich, und mein Rücken beginnt zu schmerzen. Behutsam lehne ich mich zurück, ohne dabei die drei Krähenfüße aus den Augen zu lassen.

Das goldgelbe Bentgras beginnt allmählich mit der immer höher werdenden Schneedecke zu verschmelzen. Die Kiefernzweige hängen tief unter der schweren Schneelast herab.

Zwischendurch schaue ich immer mal wieder durch das Zielfernrohr, prüfe, ob die Optik klar und nicht beschlagen ist, und reibe sie gelegentlich trocken.

Ab und an lässt der starke Schneefall nach, bald aber wirbeln die Flocken wieder umso dichter. Trotz des bedeckten Himmels und der tief hängenden Wolken habe ich das Gefühl, es wird heller. Wirkte meine Umgebung noch vor einer Stunde grau, blass und müde, ist jetzt alles um mich herum strahlend weiß, hell und sauber.

Da! Durch die noch wie ein grauer heller Schleier wirkende Schneewand kommen, erst nur schemenhaft zu erkennen, dann aber mit jeder Flucht in meine Richtung deutlicher auszumachen, sieben Schweine auf mich zu. So, wie man es sich in seinen Träumen vorstellt und wie es zahllose Jagdmaler in immer wieder zu bewundernden Gemälden dargestellt haben, erscheinen mir die schwarzen Gesellen.

Durch den starken Kontrast des weißen Schnees und der dunklen Wildkörper wirken sie urwüchsig und groß. Ich lasse das erste starke Stück, offensichtlich eine Bache, die Schneise passieren, komme gut auf den dritten Frischling ab, repetiere, aber die vier folgenden Stücke flüchten so schnell und so dicht beieinander, dass ich hier nicht mehr schießen kann. Da erscheint die Bache auch schon auf der nächsten Schneise, ich habe Glück, kann noch einen Frischling aus der Rotte erlegen, bevor der Rest der Gesellschaft mit einem jungen Keiler am Ende wieder verschwunden ist.

Während ich den zuletzt beschossenen Frischling am Rand der Schussschneise liegen sehe, ist von dem zuerst beschossenen vorerst nichts auszumachen. Nicht einmal die Spuren, die die Rotte in dem hohen Schnee hinterlassen haben muss, kann ich durch das Zielfernrohr erkennen. Ich konnte aber gut mitschwingen, bin sicher abgekommen und überzeugt, dass auch dieses Stück liegt.

Als das Treiben vorüber ist, lasse ich mich vom Hund zum ersten Anschuss führen und erblicke fünf Meter davon entfernt im Bestand einen kleinen Schneehaufen, der das ganze Interesse des Hundes weckt. Und dann erkenne auch ich, dass sich darunter der zuerst beschossene Frischling verbirgt. Auch der zweite Kujel ist in der Zwischenzeit fast gänzlich zugeschneit.

Zufrieden stapfe ich die Strecke zurück zum Sammelplatz. Die dichte, hohe Schneedecke auf dem Weg erscheint unberührt, als sei das Auto, das mich vor drei Stunden zu meinem Stand gebracht hatte, gar nicht da gewesen.

Brenne es in den Schaft deiner Büchse ein:
Leben verlangt Formung von innen her!

EUGEN WYLER

DER JAGDKÖNIG

„Sie sind ja ein sicherer Schütze, deshalb haben wir Ihnen diesen Stand zugedacht." Bei diesen Worten tritt der Forstbeamte auf das Bremspedal seines grünen Geländewagens, sodass das Auto abrupt stehen bleibt.

„Nur weil man irgendwann einmal guten Anlauf und das Glück hatte, zur rechten Zeit am rechten Platz abgestellt worden zu sein, folgt einem der Ruf, man könne überdurchschnittlich gut schießen", ärgere ich mich, denn ich bin gewiss kein überdurchschnittlich guter Schütze.

Manche Zeitgenossen meinen sogar bewundernd, teils etwas neidisch: „Den Harling kann man auch mitten auf die Kreuzung zweier Hauptverkehrsstraßen oder auf einen Misthaufen stellen, selbst dort hat er noch Anlauf." Das gipfelte einmal in der Bitte eines Gastes an den Jagdherrn: „Ich würde gerne den Stand bekommen, den der Harling im letzten Jahr hatte und wo er so erfolgreich war."

Einige dieser Jagdfreunde waren schon einmal auf einer Drückjagd meine Standnachbarn, und ich war erstaunt, dass sie sich, obwohl seit vielen Jahren Jagdscheininhaber und dazu begeisterte und aktive Jäger, selten an die wichtigsten Regeln auf dem Stand halten: äußerste Konzentration und Ruhe! Stattdessen bewegen sie sich, rauchen, lesen oder essen ihr Frühstücksbrot, bedienen sich dazu aus der Thermoskanne, ja, „nässen" sogar neben ihren Stand oder verschaffen sich anderweitig Erleichterung.

Die Zeit und die Aufmerksamkeit, die sie hierauf verwenden, geht logischerweise zu Lasten der Jagd und des Wildes. Das Harren auf einer Drückjagd ist nichts für Träumer.

Die meisten Stände sind so gut wie die Jäger, denen sie zugewiesen werden. Schon in den alten Jagdgeschichten unserer Altvorderen liest man immer wieder von dem bekannten Forstadjunkten, der an einen völlig aussichtslosen Platz gestellt wurde und dann ein Hauptschwein erlegte oder sonst wie große Strecken machte.

Es gibt auf einer sorgfältig organisierten Drückjagd keine guten oder schlechten, höchstens ungenügend vorbereitete Stände, aber es gibt immer unaufmerksame, schlechte und reaktionsschnelle, gute Jäger!

Hab ich das Stück nach vieler
Müh mit gutem Schuss gefällt,
so beuge innig ich das Knie
dem Schöpfer dieser Welt
und bete dankbar für mein Glück:
Herr, oft noch solchen Augenblick!

Vorbereitung und Organisation einer Drückjagd erfordern viel Aufwand, der Jagdherr ist interessiert daran, Beute zu machen. Offensichtlich aussichtslose Stände, an denen kaum mit Wildanblick oder Strecke zu rechnen ist, werden deshalb von vernünftigen Jagdleitern gar nicht erst besetzt.

Viele Jäger behaupten, das Wild sei durch scharfe Bejagung in den letzten Jahren schlauer, erfahrener geworden, hätte mit der Zeit gelernt, manche Taktiken der Jäger zu durchschauen und wäre nicht mehr so einfach zu überlisten wie früher. Ich teile diese Meinung nur bedingt. Wild wurde schon immer bejagt. Es sind einzelne wenige Jäger, die durch undiszipliniertes oder unüberlegtes Verhalten das Wild vorsichtig und misstrauisch gemacht haben.

Bestärkt werde ich in dieser Meinung durch Aussagen wie: „Ich habe zwar geschossen, aber die Sau war viel zu schnell“, oder „das Stück stand viel zu weit, aber ich hatte keine andere Wahl, ich musste schießen“, und findet seinen Höhepunkt in dem Ausspruch: „Na ja, ich habe es mal versucht, wäre aber ein reiner Glückstreffer geworden.“

Manchem Stück Wild wären bei mehr Verantwortungsgefühl der Schützen Leiden erspart und manchem Jagdherrn größere Strecken beschieden worden.

Der Jäger muss sich immer wieder aufs Neue in das Wild hineinversetzen: Wo würde ich hinziehen, wenn ich ein Hirsch wäre, warum als Sau hierhin oder dorthin flüchten? Das sind wichtige Fragen, die man sich auch vor einer Drückjagd stellen und beantworten sollte.

Wer mit fünf Schüssen fünf Stück Wild erlegt, verdient mehr Respekt als derjenige, der mit zwanzig Schüssen zehn Stück „zu Boden bringt“.

Doch zurück zum Ausgangspunkt. Mit ausgestrecktem Arm zeigt der mich anstellende Beamte nach links. „Da läuft ein alter, gut angenommener Fernwechsel entlang, der sich über fünf Kilometer lang quer durch das Revier zieht. Ihre Nachbarn links und rechts sitzen 500 Meter entfernt ebenfalls an diesem Pass. Waidmannsheil!“

Mit diesen Worten verabschiedet er sich, springt ins Auto und braust so schnell, wie es der moorige, weiche Grasweg mit seinen tiefen Wagenspuren und Wasserlöchern zulässt, davon.

Endlich bin ich wieder mit Hund und Büchse allein, aber nicht lange, da erklingt bereits Hundegeläut. Gesa, meine treue

Begleiterin, setzt sich sofort auf die Keulen, guckt gebannt in diese Richtung, beginnt aufgeregt zu zittern, und dann vernehme auch ich sich näherndes Wild. Das hohe Schilfgras rauscht und raschelt. Auf dem beschriebenen Fernwechsel flüchtet Wild auf mich zu.

Vier Frischlinge sind es, zwei von ihnen kann ich erlegen, bevor sie nur knapp 40 Gänge rechts von mir in der Erlenwildnis verschwinden können. Auf die nahe Entfernung ist das kein Kunststück, zumal sie nicht einmal hochflüchtig, sondern in leichtem Troll kommen.

Der dritte Schuss geht trotzdem fehl, was mir einen strafenden Blick meines Hundes einbringt.

Kurz darauf weht der Wind den Knall zweier weiterer Büchsenschüsse aus der Richtung herüber, in die die beiden anderen Kujel entkamen, dann herrscht wieder Ruhe, atemlose Stille. So kann auch das Ohr dem nach Wild suchenden Auge helfen. Nur von der weit entfernten Bundesstraße kommen die Signale eines Martinhorns, und dann gesellt sich ein zweites hinzu. Unwillkürlich denke ich an die vielen Hunde, die alljährlich beim Jagen auf der Straße zu Tode kommen und hoffe, dass bei dieser Jagd keiner unter ein Auto gerät.

Bald sind meine Gedanken aber schon wieder voll auf die Jagd konzentriert.

Auf Drückjagdständen, die keine weite Sicht zulassen, warte ich zehn Minuten oder eine viertel Stunde möglichst regungslos, bis ich es mir endgültig bequem mache.

Oft verbreiten nämlich die Nachbarschützen gleich zu Anfang des Treibens Unruhe auf ihren Plätzen, knicken vielleicht ein paar Zweige ab, um freies Schussfeld zu bekommen, machen zu auffällige Anschlagübungen in jede erdenkliche Richtung, um auch für undenkbare Eventualitäten vorbereitet zu sein, treten mehrere Schritte hin und her, bis sie den optimalen Stand gefunden haben und endlich wieder Ruhe in ihrer Umgebung eintritt. Das Wild in nahe gelegenen Tageseinständen wird dann rege, ohne dass der Jäger es bemerkt und zieht heimlich dorthin, wo es sich vor den Menschen sicher wähnt.

Gewiss habe ich auf Drückjagden gleich zu Beginn eines Treibens nur deswegen viel Wild geschossen, weil ich zu Anfang der Jagd erst abwarte und mich ruhig verhalte, bis ich sicher sein kann, dass kein Wild in der Nähe steht. Diese Gewohnheit hatte sich ja auch soeben wieder bewährt.

Es kann auf Jagden einer ganz vorzüglich schießen und doch ein herzlich schlechter Jäger sein.

Auch am Ende des Treibens harre ich bis zur letzten Sekunde konzentriert und aufmerksam aus, während meine Standnachbarn bereits fünf Minuten vorher aufstehen und ungeduldig beginnen, ihre Siebensachen zu ordnen und zusammenzupakken. Sehr oft erlegte ich daher nur wenige Momente vor dem Abblasen noch ein, zwei Stücke Wild.

Zur Zeit der Drückjagden erfährt man die Fülle der Natur und erfreut sich an ihr, augenfälliger und bewusster als in anderen Monaten wird aber auch die Vergänglichkeit der Schöpfung zu dieser Zeit. Für einen Augenblick gebe ich mich ganz diesem und ähnlichen Gedanken hin. Mehrere Dompfaffen fliegen vorüber. Ihre schwermütigen, traurigen Pfiffe passen zu der trüben Witterung und untermalen die sentimentale, melancholische Stimmung hier im Bruch.

Ein Schwarzspecht unterbricht mit gellendem Schrei den Frieden. Die zu Boden taumelnden Blätter bringen etwas muntere Bewegung in die herbstliche Landschaft. Die Erlen wirken zwar kahl, aber mit jedem Windhauch lösen sich immer wieder noch einige Blätter aus dem Geäst und trudeln langsam zu Boden, obwohl man den Eindruck hat, die Bäume hätten ihr gesamtes Laub längst abgeworfen.

Wieder raunt und raschelt es im hohen Moor, gespannt warten Herr und Hund, starren erneut unbeweglich, neugierig und erwartungsvoll dorthin. Ich setze mich mit Gesa so dicht wie möglich an das Schilf, damit mir einige höhere Halme noch etwas Deckung geben können und richte mir vorsichtig alles so her, dass ich mich in den nächsten drei Stunden nicht bewegen muss, es sei denn, ich komme zu Schuss. Dann entferne ich das rote Band von meinem Hut, lege es mir um den Hals, und habe kaum meine Umgebung genau gemustert, Entfernungen geschätzt, nach größeren Lücken und Freistellen in dem hohen Schilf links und in dem Erlenbestand rechts von uns gespäht, leise den Boden rund um meinen Sitzstock von Blättern freigescharrt, da raschelt es lauter im Schilf.

Ich kauere mich noch tiefer auf meinen Sitzstock, verhalte mich mucksmäuschenstill und schiele vorsichtig unter der breiten Hutkrempe hervor.

Da knurrt meine Hündin ganz leise, kaum wahrnehmbar, und schon erscheint ein Wachtel auf dem Fernwechsel, um offensichtlich erfreut über unsere Begegnung mit wedelnder Rute auf uns zu zu traben. Er wird aber zornig knurrend von

Gesa empfangen und empfiehlt sich daher ebenso schnell, wie er gekommen ist. Nur kurz noch leuchtet seine rote Warnhalsung zwischen den Erlenbüschen, dann ist er wieder fort, und Gesa legt sich befriedigt auf die Seite.

Da, eine Bewegung über dem braunen abgestorbenen Röhricht, kaum wahrnehmbar! Ich habe sie lediglich aus den Augenwinkeln erhascht, starre und stiere nun dorthin, verrenke mir fast den Hals, glaube schon an eine Täuschung, nehme schließlich das Zielfernrohr zu Hilfe und gehe in Anschlag.

Langsam wandert das Fadenkreuz im Absehen über das braune Halmenmeer, und dann erkenne ich die Geweihstangen eines Kniepers. Ruckweise gehen sie im regelmäßigen Takt nach unten, verschwinden im Gewirr, erscheinen dann langsam wieder darüber und bewegen sich dabei allmählich auf uns zu.

Der Hund kann den Hirsch von seiner niedrigen Warte aus zwar nicht sehen, hat aber längst erkannt, dass sich Wild nähert, und starrt ebenfalls gebannt in die Richtung, in die der Gewehrlauf zeigt.

Für mich besteht kein Zweifel: Der Hirsch schont einen Vorderlauf, er ist krank. Erwartungsvoll verfolgen ihn meine Blicke durchs Zielfernrohr, ab und an habe ich bereits das Haupt frei, und als er dann die Schilffläche auf dem Fernwechsel verlässt, fast frei und breit steht, brülle ich laut: „Stehen bleiben!".

Mein Hund zuckt erschrocken zusammen, der Hirsch verhofft und wendet uns müde sein Haupt zu. Ehe sich sein Erstaunen wieder in die gebotene Vorsicht verwandeln kann, knallt es auch schon, und er bricht zusammen. Wiederum ein leichter, kunstloser Schuss, diesmal allerdings erlöste er eine gepeinigte Kreatur von ihrem Leiden.

Als ich später den Hirsch untersuchte, musste ich zu meinem Erstaunen und Erschrecken feststellen, dass er offensichtlich gesund war. Ich drehte ihn von einer Seite auf die andere und wieder zurück, beide Vorderläufe erschienen unversehrt. Verunsichert legte ich ihn schließlich zum Aufbrechen auf den Rücken. Erst da entdeckte ich einen kurzen Aststumpf, der sich tief zwischen die Schalen des rechten Vorderlaufes gebohrt hatte: Das untere Ende des Laufes war dick geschwollen und vereitert.

Ich war erleichtert und froh, dass es kein starker Schaufler war, den ich von seinen Leiden erlösen musste, denn beim Aufbrechen des kümmerlichen Hirsches kamen mir ungute Erin-

nerungen an die Sucht nach Trophäen und vermeintlich kranke Hirsche.

In der benachbarten Jagd meines Bruders schoss deren Pächter einmal einen kapitalen Rothirsch, obwohl der laut Abschussplan nicht freigegeben war. Um von seinem Irrtum (?) abzulenken, transportierte der Mann den Hirsch zur nahen Landstraße, fuhr mit seinem Geländewagen über die Läufe des Stückes und behauptete später, er hätte dem angefahrenen Hirsch einen Fangschuss geben müssen. Durch ein gerichtsmedizinisches Gutachten wurde der Schütze allerdings überführt.

Zurück zur Jagd. Ab und zu durchbricht der Knall eines Schusses die Stille, sonst herrscht tiefes Schweigen um mich herum. Eine weitere Stunde mag vergangen sein, seitdem ich den Knieper erlegt habe, da erscheint auf dem gleichen Fernwechsel über dem Schilfgras wieder ein Haupt. Dieses Mal ist es ein Damtier. Zügig zieht es auf mich zu. Dabei äugt das Tier misstrauisch umher, sichert unruhig, und seine Lauscher sind ständig in Bewegung.

Ich mache mich, je näher das Stück kommt, auf meinem Jagdstock noch kleiner, die Büchse ist längst im Voranschlag. Dann tritt das Tier aus dem Schilf, will in die Erlen ziehen, als hinter ihm ein Kalb erscheint. Wieder ist das Wild höchstens 30 Gänge von mir entfernt. Im Knall bricht das Kalb zusammen. Das Tier macht zwei hohe, ungelenke Fluchten, verhofft und äugt zu mir herüber. Da habe ich bereits repetiert, und es bricht nach einigen Fluchten ebenfalls zusammen.

In drei Stunden habe ich fünf Stück Wild erlegt und bin ohne besonderes jägerisches Können Jagdkönig geworden.

Wieder einmal hat sich gezeigt: Zum Jagderfolg reicht Können allein nicht aus, immer gehört auch eine Portion Glück dazu!

Nur der die Büchs soll tragen,
der nach Väter Art erlernt, gerecht zu jagen
und so zum Jäger ward.

IM VERTRAUTEN REVIER

Gestern Abend feierte ich bereits ausgiebig mit alten Freunden unser Wiedersehen und es wurde spät, bis der Jagdherr endlich zum Aufbruch in Morpheus' Arme blies.

Nun begrüße ich die mir seit Jahren vertrauten Treiber. Ich freue mich, endlich wieder in diesem wunderschönen Revier zu sein. Nebelschwaden ziehen durch den „Trotten-Wald" als die Autokolonne langsam zum Sammelplatz rollt, aber je höher uns die durchweichten Wege führen, desto klarer wird die Sicht.

„Wir bleiben noch eine halbe Stunde auf den Ständen, wenn die Treiber durch sind", schließt der Jagdherr seine Begrüßungsrede, und schließlich feiere ich auch das Wiedersehen mit meinem Stand, dessen Umfeld mir sofort wieder vertraut ist. Von hier aus habe ich schon zehn oder mehr Drückjagden miterleben dürfen.

Der Dunst ist verflogen.

Wie viele Male vorher schon, erklimme ich nicht die Leiter, sondern setze mich unter die Kanzel, wo ich noch Bewegungsfreiheit und immer noch genügend Sicht- und Schussfeld habe, ohne jemanden durch einen Schuss zu gefährden.

Gewohnheitsmäßig zünde ich mir meine Pfeife an, um den Wind zu prüfen, obwohl seine Richtung hier keine Rolle spielt, denn das Wild kann von allen Seiten kommen.

Wenn man an einem Platz schon so oft gesessen hat, kommen zwangsläufig Erinnerungen an frühere Jagden auf. Weil noch eine halbe Stunde Zeit ist, bis die Hunde geschnallt und die wenigen Treiber losgehen werden, beginne ich zu träumen. Wie immer, wenn man beginnt, in der Erinnerung zu blättern, zaubern Gedächtnis und Fantasie freundliche Stunden vergangener Tage hervor.

Vor einigen Jahren, ebenfalls im November, kam mir an diesem Stand ein Rehbock. Er hatte noch nicht abgeworfen, flüchtete vorüber und kehrte nach ungefähr einer Stunde vertraut zurück – mit nur noch einer Stange auf dem Haupt.
In dem Revier finden sich kaum Kahlschläge und nur wenige Dickungen. Das ist ideal für die Forstwirtschaft, aber auch für das Wild: Deckung und Äsung sind flächengleich geworden.

Schlagartig kehren meine Gedanken zum Hier und Jetzt zurück: Ricke und Kitz flüchten über die als Wildacker benutzte Schneise. Fünf Minuten später folgt ein Bock. Zum Leidwesen

Der Hunde Geläut und des Bussards Schrei
und des Hifthorns jagdliche Klänge
sind mir weit schönere Melodei
als Theater, Konzert und Gesänge.

von Gesa pardonniere ich flüchtige Rehe in der Regel, sodass ich mir die vernichtenden Blicke meiner Hündin, aus denen Unverständnis und Verachtung zu sprechen scheinen, gefallen lassen muss.

Ich habe zum Schuss auf flüchtiges Rehwild ein sehr ambivalentes Verhältnis. Während bei einem Bock der Schuss nur dann als waidgerecht gilt, wenn er fast hundertprozentig breit vor der Kanzel oder Leiter steht, nimmt man bei der Schrotjagd oder dem Schuss auf flüchtiges Schwarzwild auch schwierige „sportliche“ Schüsse in Kauf. Wer zwei oder drei Rehböcke an einem Tag erlegt, gilt in manchen Kreisen mitunter bereits als Schießer, schießt er aber 100 oder mehr Fasane in der gleichen Zeit, feiert man ihn als Jagdkönig.

Der Himmel bezieht sich wieder, aber die leuchtenden Herbstfarben der in die Kieferndickung eingesprengten Buchen, Birken und Lärchen bleiben.

Es ist anstrengend und ermüdend, länger als zwei Stunden, alle Sinne angespannt, konzentriert auf Wild zu warten, aber auf solchen Ständen ist zum Träumen keine Zeit, wenn man jede Chance nutzen will, wenn im wahrsten Sinne des Wortes der Augenblick entscheidet.

Plötzlich höre ich typische „Sauengeräusche“. In der Schonung balgen sich anscheinend einige junge Schwarzkittel. Schrille Klagelaute unterbrechen die Waldesstille. Doch meine Hoffnung, die Rotte würde die Deckung verlassen, erfüllt sich nicht, denn bald ist es wieder ruhig.

Schließlich nähern sich Treiber. Ihre Unterhaltung steigert sich plötzlich in aufgeregte Schreie: „Sauen!“, klingt es stimmgewaltig und steigert meine Nervosität, doch dann entnehme ich den Rufen der Männer, dass die Schwarzwildrotte nach hinten durchgebrochen ist und sich vorerst in Sicherheit gebracht hat.

Da – dumpfes Trommeln auf dem Waldboden bewegt sich auf mich zu. „Sauen“, kommt es mir abermals in den Sinn. Die Büchse halb im Anschlag, zeigt die Laufmündung dorthin, wo ich die Rotte erwarte. Da erscheint ein Hund, ein auffallend starker Langhaar hat mich genarrt, meine gereizten Sinne getäuscht und nur allmählich sinkt mein Adrenalinspiegel wieder, wird mein Herzschlag ruhiger, nachdem der Hund auf der anderen Seite der Schneise längst in der Dickung verschwunden ist.

Jage mehr mit den Herzen
und weniger mit der Waffe.

EUGEN WYLER

Kurz danach erscheint ein Hase. Er hoppelt gemächlich über die Schneise, verschwindet zehn Meter von unserem Stand entfernt im braunen verdorrten Gras. Und wieder straft mich Gesa mit ihren Blicken, weil ich den Krummen unbeschossen ließ.

Rechts in der Dickung höre ich einen Hund hecheln. Das Geräusch entfernt sich, ohne dass ich ihn gesehen habe. Hundelaut ertönt, mal klingt er nah, mal weit entfernt und erhöht die Spannung, aber kein Wild kommt mir.

Immer wieder sorgt jauchzender Hals der Hunde dafür, dass ich zwei Stunden lang unter Spannung stehe.

Dann herrscht schlagartig Stille. Zweimal meldet sich noch eine hysterisch keifende Hundestimme, dann ist endgültig Ruhe um mich herum.

Langsam fällt die Anspannung von mir ab, und die Konzentration lässt nach. Das Treiben ist offensichtlich zu Ende. Nachdem die vergangenen zwei Stunden wie im Fluge vergangen waren, vergeht die Zeit nun langsamer und zähflüssiger. Ich ertappe mich dabei, dass ich schon das dritte Mal auf die Uhr schaue, da erhebt sich Gesa, starrt zum Dickungsrand und fast automatisch, ohne zu überlegen, hebe ich die Büchse. Beinahe gleichzeitig trollt, wie auf einer Perlenschnur aufgezogen, eine Rotte Sauen über die Schneise. Die beiden ersten stärkeren Stücke haben sie bereits zur Hälfte überquert, als ein nachfolgender Frischling im Knall zusammenbricht.

Ich repetiere, beschieße den nächsten Frischling, der am Rand der Schneise liegen bleibt, repetiere erneut, aber obwohl ich gut im Schwung bin, sehe ich den Kugeleinschlag hinter bzw. unter einem weiteren Frischling, der seine Flucht nun noch beschleunigt, in den Erdboden spritzen.

Um einen vierten Schuss abzugeben, reicht die Zeit nicht mehr, bevor der Rest der Rotte wieder verschwunden ist.

Für einige Augenblicke bleibe ich noch erwartungsvoll im Anschlag, doch dann lege ich die Büchse, zufrieden über den späten Jagderfolg, wieder auf meine Knie, lehne mich gelöst zurück und schiele zu Gesa, die immer noch zu der Stelle starrt, an der die Sauen aus der Dickung kamen.

In diesem Augenblick erscheint ein weiteres Stück. Groß, schwarz, zottelig, gewaltig und, mit bloßem Auge gut zu erkennen, hell leuchtenden Gewehren. Ehe ich mich von meinem Schreck erholt und die Büchse erneut in Anschlag gebracht habe, ist der starke Keiler bereits über die Schneise getrollt und

Je länger man jagt,
umso bescheidener wird man.

EUGEN WYLER

hat die schützende Dickung auf der anderen Seite erreicht. Dieses Mal kann ich meinen Hund sehr gut verstehen, sein verachtender Blick trifft mich tief.

In Gedanken sitze ich schon vor dem prasselnden Feuer am Streckenplatz vor der Jagdhütte, denke immer wieder an die verpatzte Gelegenheit mit dem starken Keiler und überlege, wie ich am Ende des Treibens die Begegnung der Jagdgesellschaft so schildere, dass nicht gar zuviel Spott an mir hängen bleibt. Dabei kommt mir der Ausspruch eines alten Onkels in den Sinn: „Das Lügen überlass' man getrost mir, das kann ich nämlich besser als du", und ich beschließe, diesmal bei der Wahrheit zu bleiben.

Dann endlich zeigt die Uhr das Ende der Jagd an. Wild, Wald und Jäger haben nach einem Tag voller Spannung, Hektik und Erwartung wieder Ruhe. Nicht ganz sauber klingen die Signale, verkünden das Ende eines schönen Jagdtages, bringen Entspannung und Erinnerungen an vergangene Jagden, und es mischen sich bereits wieder Erwartungen darunter, was die nächste Jagd bringen mag.

Die ist schon wenige Wochen später, diesmal allerdings „mit Aufbrechpause", wie es in der Einladung heißt.

Das Tageslicht hat seinen Kampf gegen die Dunkelheit gerade gewonnen, da treten elf Stücke Damwild hintereinander

Jagst du in Feld, Wald oder Au,
jagst du auf Has, Hirsch oder Sau,
jagst du als Fürst, Herr oder Knecht,
nicht „Wer", das „Wie" macht waidgerecht.

HEGENDORF

aus der Dickung und wollen vierzig Gänge vor mir an meinem Ansitzbock vorüberziehen. Das Ende des Rudels bilden zwei hohe Spießer, die nicht freigegeben sind.

Auf diese kurze Distanz ist der Schuss auf ein Kalb kein Problem. Wie ich im Repetieren registriere, rutscht es im Knall zusammen. Augenblicke später fällt auch das Tier, aber nun gerät das Rudel durcheinander, und die Stücke springen in alle Richtungen davon.

Durch das Zielfernrohr starrend verfolge ich die einzelnen Stücke, aber immer, wenn ich den Abzug erneut betätigen will, stelle ich fest, dass es einer der Spießer ist, den ich da anvisiere. Nach den beiden Schüssen sind nämlich noch vier weitere Stücke aus der Dickung gekommen und haben sich unter das ziellos umherspringende Rudel gemischt.

Da kommt ein einzelnes weibliches Stück des Verbandes auf mich zu. Ich gehe erneut in Anschlag, doch meine hastigen Bewegungen waren unüberlegt. Das Stück dreht ab, will breit an mir vorbeiflüchten und dabei fehle ich es. Noch lange werde ich ich mich fragen, wie ich auf knapp fünfzig Gänge vorbeischießen konnte.

Ein Eichelhäher streicht krächzend davon. Ich zucke zusammen, weil ich annehme, der bunte Schreihals zeigt mir

sich näherndes Wild an, aber leider liege ich damit falsch: Der Waldpolizist hat mich selbst auf meinem Sitz bemerkt, warnt nun Artgenossen und macht Beutegreifer auf sich aufmerksam.

Mittlerweile ist es neun Uhr geworden, und ich hocke seit über zweieinhalb Stunden auf meinem windigen, eisig kalten Drückjagdbock. In einer Viertelstunde heißt es für dreißig Minuten „Hahn in Ruh" – Aufbrechpause.

In den letzten Jahren wurden auf den Drückjagden in diesem Revier stets an einem Tag zwei Treiben organisiert. Fast regelmäßig gerieten die Jagdhelfer aber dann mit dem Anstellen und Einsammeln der 50, 60 oder gar 70 Schützen, mit dem Bergen und Bringen der Strecke sowie bei den Nachsuchen in Zeitnot, und es wurde jedes Mal sehr spät, bis endlich der Revierleiter bei tiefer Dunkelheit die Brüche überreichen konnte. Daher suchte er nach anderen Wegen, und ich bin mit seiner neuen Strategie zufrieden.

Drei Fischreiher, graue Vögel im grauen Himmel, ziehen vorüber. Sie kommen mir in dieser trüben Witterung und tristen Stimmung wie verloren da oben vor und so klingen auch ihre krächzenden Schreie.

Nach der halbstündigen Aufbrechpause steige ich wieder auf meinen Sitz, um noch einmal, wie verabredet, zweieinhalb Stunden zu warten, allerdings wird das Wild nun durch Treiber und Hunde angerührt.

Gesa war schon Richtung Auto gelaufen, wohl in dem Glauben, die Jagd sei nun für heute vorbei, und ich pfeife die Hündin zurück. Fast ungläubig guckt sie mich an, als ich ihr bedeute, wieder unter der Leiter abzulegen. Auch für sie ist die Einteilung dieses Jagdtages neu und offenbar gewohnheitsbedürftig.

Zögerlich dringt ganz allmählich das Sonnenlicht stärker durch die graue Wolkenschicht, aber es bleibt eisig kalt.

Eine halbe Stunde, vielleicht schon etwas länger, warte ich ungeduldig auf Wild, das Ertönen von Hundegeläut oder das Erscheinen der Treiber, aber vorerst tut sich nichts Ungewöhnliches um mich herum, und kein Schuss ist zu hören.

So erholsam und entspannend Ruhe manchmal auch sein kann, so sehr kann sie mitunter auch an den Nerven zerren.

Ein Flug kleiner Vögel schwirrt heran und turnt im Geäst der Bäume umher. Goldhähnchen, unterschiedliche Meisenarten und einen Baumläufer kann ich ausmachen. Sie scheinen, wenn es kalt wird, eine Art Notgemeinschaft zu bilden. Schon mehrmals habe ich auf Drückjagden ähnliche Vogelansammlungen beobachtet. Nur wenige Minuten lenkt mich die quirlige Gesellschaft ab, dann streicht sie davon.

Das anschwellende leise Raunen der Blätter in einer niedrigen Birke, knapp zwanzig Meter von meinem Sitz ent–fernt, lässt mich zusammenzucken. Es klingt, als nähere sich Wild auf raschelndem Laub.

Da setzt sich Gesa auf, und fast gleichzeitig höre ich von links hinter mir Wild heranrauschen – Sauen!

Ein paar Mal erscheint eine dunkle Rückenlinie über dem hellen Gras, das ist aber viel zu hoch, um ein Stück anzusprechen, geschweige denn zu beschießen.

Schon poltert die Rotte über den breiten Weg, auf dem mein Sitz steht. Starke und schwache Sauen wuseln durcheinander, helle und dunkle, braune und schwarze Stücke flüchten in einem dichten Pulk nur dreißig Meter von mir entfernt über den Weg. Zwanzig Sauen sind es, vielleicht auch dreißig, und ich habe nicht die geringste Chance zu schießen.

Im Nu ist der Spuk schon wieder vorbei.

Auch wenn ich nicht zu Schuss kam, waren es aufregende, aufwühlende Minuten.

Mittlerweile hat sich die Sonne durch die Wolken gefressen, der Wald, der am Morgen noch düster wirkte, erscheint nun heller und freundlicher.

In das Rufen der Wildgänse, die in keilförmigen Formationen über mir Richtung Westen streben, mischen sich die grellen Schreie eines kreisenden Mäusebussards und das „Klong, Klong" zweier Kolkraben. Die wohlklingende, wunderschöne Melodie wird begleitet vom leisen Rauschen des Windes in den Zweigen des Hochwaldes hinter meinem Sitz.

Plötzlich erscheint auf demselben Wechsel, auf dem ich vor dreieinhalb Stunden Kalb und Tier geschossen habe, wieder ein Rudel Damwild. Nach meinem Schuss stürmt ein Stück zurück, bricht aber nach zehn Fluchten zusammen.

Ich habe längst ein neues Geschoss in der Patronenkammer und versuche, ein zweites Stück aus dem Rudel zu erlegen. Das aber hat sich nun bis auf wenige Meter den verendeten Artgenossen genähert und sie eräugt oder Wind von ihnen bekommen; jedenfalls springt es nun in meterhohen skurril anmutenden Sätzen wirr durcheinander und flüchtet dann davon, ohne dass ich noch einmal zu Schuss komme.

Die weiten Wege, sie führen
durch Wald, Heide und Moor,
und wo sie die Wolken berühren,
steht offen das Himmelstor.

GERDT TÖNNIES

Kurz vor Ende des Treibens erlege ich dann noch ein Kalb. Vier Stücke Damwild: Ich bin zufrieden und der Jagdherr ebenfalls.

Bei hellem Sonnenschein, nicht wie gewohnt bei Fackelschein, verblasen wir eine Strecke von über neunzig Stück Wild.

STÖBERJAGD

Wachteln, die kleinen Hühnervögel, sind nicht nur eine kulinarische Delikatesse, ihre Bejagung mit einem guten Hund ist außerdem äußerst reizvoll.

Man muss schon ein sicherer Schrotschütze und in guter körperlicher Verfassung sein, wenn man sich eine Mahlzeit dieser flinken schmackhaften Feldhühner verdienen und nach Hause tragen möchte.

In Deutschland ist die Jagd auf Wachteln leider schon lange nicht mehr erlaubt. Viele Waidmänner kennen die zarten Feldhühner nur noch aus Erzählungen älterer Jäger.

Eine andere „Wachteljagd" wird dagegen bei uns immer populärer: Die mit den liebenswerten, meistens gutmütigen Stöberhunden gleichen Namens.

Von manchen Jägern wird die Jagd mit Stöberhunden verteufelt. Zu Unrecht, wie ich meine, denn überlegt organisiert, nur mit wenigen und wirklich dafür geeigneten Hunden behutsam angegangen – und nur dann –, ist sie stimmungsvoll und effektiv und in den großen Forstverwaltungen heute kaum noch wegzudenken.

Die Anforderungen an die moderne Forstwirtschaft haben sich in den letzten Jahrzehnten gewandelt, mit ihnen der Waldbau und somit das Verhältnis mancher Forstbeamter zu Jagd und Wild.

Rehe werden von ihnen mancherorts zunehmend nur als Forstschädlinge betrachtet, haben in vielen Betrieben nicht mehr die Daseinsberechtigung, die ihnen früher zugebilligt wurde, und werden mit zweifelhaften und recht rüden Methoden „bejagt".

Die Hinweise alter Forstleute zum Jagen mit Wachtelhunden werden dabei vielfach als „olle Kamellen" angezweifelt – die Erfahrungen derer also, die den hervorragenden Ruf der deutschen Forstwirtschaft begründeten und die teils berühmten deutschen Wälder schufen. Dem kann ich nicht folgen: Für mich ist die Jagd mit gut eingearbeiteten Wachteln ein Genuss!

Hunde rein um 10.30 Uhr!

Bewegung geht durch die große Gruppe der gespannt zuhörenden Jäger, als der Jagdherr dies verkündet. Manche reißen hektisch ihren Arm hoch, andere schauen eher gelassen und unauffällig auf ihre Armbanduhr, und ein Bläser neben mir

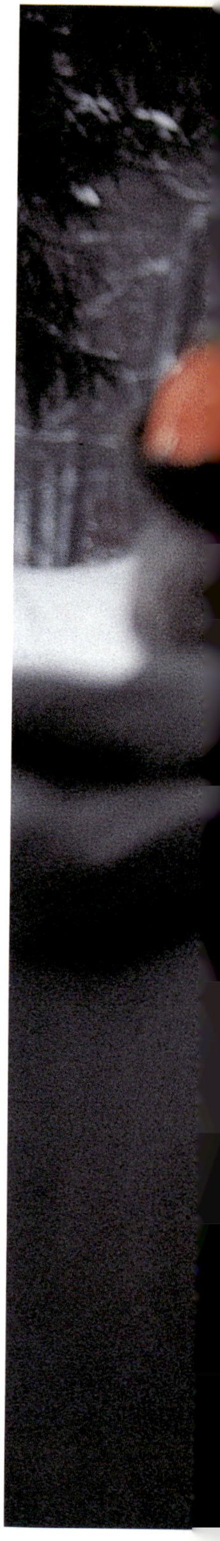

Niemand wohl, der die Lockung gefühlt des herrlichen Weidwerks, sagte mit Willen sich los; ihn hält die allmächtige Fessel.

FEROZA SE
DAIHATSU
NOM HV 19

sucht umständlich in seiner Hose nach der Taschenuhr, um die Zeit zu vergleichen.

Es ist 8.45 Uhr, aber es wird sicher auch eine Weile dauern, bis die über siebzig Schützen alle zu ihren auf über 500 Hektar verteilten Ständen gebracht und eingewiesen sind.

Viel später schaue ich wieder auf die Uhr: 10.10 Uhr ist es, noch mindestens zwanzig Minuten bleiben, bis Hundelaute erklingen und erstes erregtes und erregendes Gekeife das Schweigen des Waldes – bisher nur ab und zu vom leisen Rauschen der Bäume verzaubert –, beenden und die Natur erfüllen werden.

Ich sitze auf meinem Dreibein an einer ungefähr vierzigjährigen Buche und starre gegen einen Hang im hohen Altholz.

Das Gesäß ist ja in unseren Breiten zum jagdlich wichtigsten Körperteil, die „hohe Kunst des Jagens“ zum Sitzsport geworden. Auf Anrührjagden, bei denen Hundemeuten eingesetzt werden, nehme ich das gerne in Kauf, wenn ich auch sonst ein großer Anhänger der Pirschjagd bin.

Um mich herum habe ich mit meinen Füßen den Erdboden vom Laub freigescharrt, damit mich möglichst kein raschelndes Geräusch dem anwechselnden Wild verrät, obwohl die Blätter von den starken Regenfällen der letzten Tage durchnässt sind. Das Wasser ist selbst durch den dichten Laubteppich gedrungen, die schwarze Erde ist pitschnass.

Weit entfernt bellt ein Schuss auf. Kurz darauf knallt es noch zweimal aus derselben Richtung.

Endlich erklingt ganz weit weg auch Hundelaut und reißt mich aus meinen Träumen. Schon knapp eine Stunde habe ich fast regungslos auf meinem Jagdstuhl ausgehalten.

Zur hellen Stimme gesellt sich kurz darauf eine weitere, viel dunklere, aber das Duo kommt anscheinend nicht näher. Gespannt lausche ich, bis sich das Geläut verliert.

Als ich gerade wieder die Büchse auf meine Knie legen will, erhasche ich links von mir eine Bewegung: Ein Fuchs schnürt unbekümmert auf mich zu. Als er abdrehen will, habe ich den Rotrock im Absehen meines Zielfernrohres. Fast verschwimmt er mit dem braunen Laub im Hintergrund, doch die gute Tarnung hilft dem roten Freibeuter nicht.

Kurz mäusele ich, und als Reineke abrupt verhofft, steht das Fadenkreuz ruhig auf seinem Blatt. Den Knall des Schusses hat der rote Schelm nicht mehr gehört.

Früher pardonnierte ich auf Drückjagden Füchse, wenn ohne Stöberhunde und vornehmlich auf Schwarzwild gejagt wurde, weil angeblich auf dem gleichen Pass später gerne ein alter Keiler kommt. Manchem Fuchs hat diese Hoffnung den Balg gerettet. Trotzdem habe ich noch nie einen starken Keiler auf einer Drückjagd erlegt ...

Viel Zeit bleibt nicht, um sich über den erfolgreichen Anfang der Jagd zu freuen, denn nun kommt jubelnder Hetzlaut auf mich zu.

Ungefähr zweihundert Meter vor mir leuchtet zwischen den dicken wettergegrünten Buchenstämmen ab und zu eine rote Warnhalsung auf, und ich mache einen jagenden Wachtel aus. Und dann flüchtet eine Ricke mit ihrem Kitz in hohen Sprüngen an mir vorüber. Beide Stücke verschwinden im dichten Gewirr einer Buchenverjüngung, werden förmlich von ihr verschluckt, verschwimmen mit dem Gezweig der kleinen, noch braunen,

belaubten Bäumchen, die dem Wild fast perfekte Deckung vor dem Menschenauge geben.

Ich erkenne, dass sie, nur dreißig Gänge von mir entfernt, regungslos verhoffen und zu dem laut jagenden Hund äugen.

Der ist von der warmen Fährte abgekommen, jagt nun waidlaut nur wenige Meter an mir, dann an den Rehen vorüber und verschwindet wieder.

Als das Geläut längst mit dem leisen Rauschen der hohen Buchen verschmolzen ist, kommt wieder Bewegung in die Rehe. Vertraut ziehen sie im Gestrüpp hin und her, ohne aber den Jungwuchs zu verlassen. Auf knapp vierzig Meter kann ich ihr Verhalten gut beobachten.

Von einem erhöhten Platz wäre ein sicherer Schuss möglich, vom Boden aus aber wage ich nicht zu schießen und wegen der geringen Entfernung auch nicht, mich von meinem niedrigen Jagdstock zu erheben, da mich die Stücke wahrnehmen würden.

Jagt, solang die Heide grünt,
nützet eure Tage!
Ob man jenseits auch noch jagt,
ist noch sehr die Frage.

Spannend ist es aber, und die Minuten fliegen dahin, werden fast zu einer halben Stunde.

Das Rehwild verharrt in den Buchenrauschen, ab und zu sehe ich ein Lauscherpaar oder ein Stück Decke braun in braun mit dem welkenden Laub, aber meine Büchse bleibt auf den Knien liegen. Das Anvisieren durch das Zielfernrohr habe ich fast aufgegeben.

Einige Male greife ich zwar die Waffe noch fester, will sie hochnehmen, in Anschlag gehen, wenn sich die Rehe bewegen und das Kitz für wenige Momente fast frei steht, bald aber lasse ich es ganz. Das Wild ist zu verdeckt, um einen sicheren Schuss abgeben zu können. Wohl zieht es ständig vertraut in dem kleinen Gehölz umher, doch immer nur bis zum Rand, ohne Anstalten, es zu verlassen.

Hundelaut kommt auf uns zu und entfernt sich wieder, zwei-, dreimal beschleunigen helle Stimmen, Gekläff, Gejiff, dunkles, sonores Bellen und alles durcheinander meinen Pulsschlag.

Die Konzentration der passionierten Vierläufer hat jetzt nachgelassen. Das Fährten- und Spuren-Wirrwarr auf dem Waldboden, die Widergänge des Wildes und die nachlassende Kraft lassen sie zunehmend fahriger arbeiten, verhindern ein exaktes Voranbringen einzelner Fährten. Das Wild verliert deswegen immer mehr den Respekt und „sitzt“ die Hunde oft einfach „aus“.

Zwei Wachtel kommen auf einer imaginären Spur waidlaut auf mich zu, jagen an mir vorüber, passieren die beiden Rehe auf wenige Gänge und verschwinden mit lautem Hals.

Dann ist es für kurze Zeit wieder recht ruhig um mich herum, aber vollkommene Stille herrscht nicht. Vereinzelte Schüsse und Hundegeläut zaubern Spannung, manchmal Hochspannung hervor. Dann schluckt der Wind die Geräusche wieder, der schweigende Wald glättet Gefühle und beruhigt die Nerven – spannungsreiche Gelassenheit, tätiges Nichtstun, innerlich aufgewühlt, äußerlich „cool".

Schon wieder höre ich erwartungsvoll näher hetzenden Hundelaut, helles, wütendes Gejiffe ist es und klingt nach dem Gekeif eines kleinen, giftigen Terriers, aber nur Wachtel sind im Treiben eingesetzt.

Meine Aufmerksamkeit für die beiden Rehe lässt nach. Nur ab und zu schiele ich noch zu den jungen Buchen hinüber und stelle fest, dass sich das Wild im Gegensatz zu mir nicht merklich von der Drückjagdmusik stören lässt.

Und dann kommt ein Rauschen auf mich zu, während der Hund noch weit entfernt lauthals sucht. Eine Gruppe versprengter Überläufer und Frischlinge sind es, die das laute Rascheln in dem hohen Laub verursachen.

Im langsamen, stetigen, gleichmäßigen Trott flüchten sie aus der Richtung, aus der auch der Fuchs kam, an mir vorüber, und auf vierzig Gänge erreicht meine Kugel einen der Frischlinge. Vier, fünf beschleunigende Fluchten, dann wird der Kujel langsamer. Während ich repetiere, bricht er zusammen und verendet.

Entspannt, die Büchse wieder auf den Knien, wandern meine Blicke zur Beute. Zufrieden halte ich Rückschau. Sie lehrt Vergänglichkeit. Der anschließende Blick zu den jungen Buchen weist in die Zukunft, verheißt Spannung und Ungewissheit.

Anfangs glaube ich, die Rehe seien, während ich abgelenkt war, von mir unbemerkt, abgesprungen, da ihnen die Unruhe nun doch zu groß wurde, aber dann erkenne ich an ruckartigen Bewegungen einiger Zweige in Äserhöhe: Sie sind noch da. Nach zwei oder gar drei Minuten leuchtet wieder eine rote Warnhalsung durch den Bestand, und angekündigt durch steten, hellen Hetzlaut, erscheint mit tiefer Nase zehn Meter neben dem Wechsel, auf dem der Frischling erschien, ein Wachtel.

Als Waidmann tut sich mancher kund,
als Jäger unverdrossen;
und dennoch gleicht er ohne Hund
der Leiter ohne Sprossen.

HANS GRAF ZU MÜNSTER

Plötzlich verhofft er, kreist, nimmt den Kopf hoch, und bekommt Wind von dem verendeten Kujel. Wedelnd eilt er auf seine Beute zu, bewindet sie kurz, gibt noch zweimal Hals und trottet dann stumm den gleichen Weg zurück, den er kam.

Ein Blick auf die Uhr zeigt mir: Noch eine Viertelstunde, bis es heißt: „Hahn in Ruh."

Ein weiterer Wachtel nähert sich langsam aus entgegengesetzter Richtung, aus der Fuchs und Sauen kamen. Als er mich erblickt, kommt er hechelnd, mit hängendem Kopf schwanzwedelnd zu mir, beleckt sich die Ballen und lässt sich dann einige Meter neben mir müde auf den Boden fallen.

Drei Stunden hat er wahrscheinlich ununterbrochen und laut gejagt. Sein Fell ist völlig durchgeweicht, und er hat sich eine Pause redlich verdient. Nach wenigen Minuten kommt der Hund dicht an meine Seite. Genüsslich lässt er es sich gefallen, dass ich ihn erst hinter den Behängen und dann zwischen den Vorderläufen kraule. Dankbar und entspannt genießt er es, und auch ich bin zufrieden, während Gesa uns misstrauisch zuschaut.

Welch stummes Flehen, welch unsagbare Hoffnung, Liebe und Vertrauen glaubt man aus dunklen Hundeaugen lesen zu können!

Als ich wieder einmal zu den Buchenrauschen gucke, tritt gerade die Ricke mit ihrem Kitz heraus. Aufreizend langsam ziehen sie vertraut von mir fort, ohne die Hunde oder mich zu bemerken.

Vorsichtig, die Rehe nicht mehr aus den Augen lassend, nehme ich im Zeitlupentempo die Büchse hoch. Das gefällt meinem neuen vierläufigen Freund allerdings überhaupt nicht. Mit einem Ruck erhebt er sich, wedelt mit der kurzen Rute, legt seinen Fang auf meinen Oberschenkel, wo eben noch das Gewehr ruhte, und blickt mich mit seinen wunderschönen Augen bettelnd an.

Als ich ihn nicht sonderlich beachte und, meine Ellenbogen auf den Knien abgestützt, das von der Geiß noch halb verdeckte Kitz anvisiere, quiemt er laut und hoch.

Die Unruhe in ihrer Umgebung, Schüsse und die anderen Hunde haben die Ricke in den letzten Stunden nicht sichtlich beeindruckt, doch nun wirft sie auf, äugt mehrere Augenblicke lang starr zu uns herüber und springt dann schreckend ab.

Nach einigen Fluchten verhoffen beide Stücke noch einmal und flüchten dann durch das Stangenholz davon. Der Hund quiemt noch einmal laut und durchdringend und legt dabei seine Vorderpfote auf meinen Oberschenkel.

Da lasse ich die Büchse sinken.

Auf hochflüchtiges Rehwild zu schießen ist sowieso nicht mein Fall, auch wenn das Wild kaum weiter als vierzig Meter entfernt ist.

Es fällt mir nicht schwer, die beiden zu pardonieren und die letzten zehn Minuten des spannenden und stimmungsvollen Jagdtages intensiv meinem neuen vierläufigen Jagdkumpan mit dem haarigen Gesicht und den bettelnden Augen zu widmen – er hat es verdient.

„Es war zu weit", ein böses Wort.
Kein Jäger sollte so sprechen.
Das edle Waidwerk ist kein Sport,
will keine Schießrekorde brechen.

ARTHUR SCHUBART

JÄGER DER BESONDEREN ART

Ansitzdrückjagd auf einem ehemaligen Truppenübungsplatz: Das Revier, seine Beamten und den Wildreichtum kenne ich seit mehreren Jahren von erfolgreichem Jagen her.

Nach Begrüßung und Bekanntgabe der notwendigen Regularien bittet der Jagdherr die anwesenden Schützen: „Meine Herren, keine riskanten oder Weitschüsse, aber bitte schießen Sie beherzt, wir sind mit der Abschusserfüllung des Rotwildes noch arg im Rückstand."

Dann werde ich zu meinem Stand gebracht, einem Hochsitz, den ich von früheren Jagden erinnere und als Erfolg versprechend einschätze. Er bietet weite Sicht. Das Schussfeld wird nur von kleinen Kiefernhorsten unterbrochen.

Es ist kalt und windstill. Das Thermometer zeigt fünf Grad Minus. Die Sonne scheint, die Kiefernkusseln und das helle Bentgras sind mit Rauhreif überpudert. Durch das gefrorene Laub auf dem Boden kann man das Herannahen von Wild bereits auf weite Entfernung hören.

Ich habe meinen Sitz noch nicht eingenommen, da fallen bereits in rascher Reihenfolge mehrere Kugelschüsse.

„So viele Schüsse in so kurzer Zeit fielen hier sicher oft, als das Militär noch auf dem Gelände übte", grübele ich.

Um mich herum ist die Jagd in vollem Gange, da scheint einiges Wild auf den Läufen zu sein.

Das Sitzbrett auf dem Ansitzbock lehnt an der Seitenwand, so ist die Oberseite trotz des vielen Regens, der in den letzten Wochen gefallen war, trocken geblieben. Ich lasse es trotzdem stehen und setze mich auf meinen dreibeinigen Jagdstuhl. Auf ihm kann ich mich problemloser, schneller und leiser nach allen vier Himmelsrichtungen drehen und brauche beim Schießen keine Verrenkungen zu machen, wie es mitunter von einem festen Sitzbrett aus nötig ist, wenn Wild vorüberflüchtet.

In der ersten Viertelstunde meines Wartens fallen mehr als 20 Schüsse. Bei mir lässt sich aber kein Wild blicken, muss ich etwas ungeduldig registrieren.

Aber warten können will gelernt sein. Das wusste schon der Philosoph und Staatsmann Karl Wilhelm v. Humboldt, der seinen ungeduldigen Mitmenschen mit auf den Weg gab: „Man muss die Zukunft abwarten und die Gegenwart genießen und ertragen."

Töten kann jeder,
verzichten nur der Gereifte.

EUGEN WYLER

Das ist des Jägers Ehrenschild,
das er hegt und schützt sein Wild,
waidmännisch jagt wie sich's gehört,
den Schöpfer im Geschöpfe ehrt.

OTTO VON RIESENTHAL

Ich erfreue mich an fünf Graugänsen, die krächzend am blauen Himmel entgegengesetzt zu der bereits wärmenden Sonne im Osten in Richtung Westen tief über mich hinwegziehen. Der zu dieser Jahres- und Tageszeit tief stehende Sonnenball strahlt die sonst schlicht erscheinenden Vögel in besonderer Weise an, sodass ihr Brustgefieder hell aufschimmert, und Schnäbel sowie Latschen rot leuchten.

Da prescht 200 Meter entfernt ein 17 Kopf starkes Rotwildrudel über die Fläche und verschwindet auf der anderen Seite. Am Schluss erkenne ich einen kümmerlichen Sechser, leider viel zu weit zum Schießen. Kurz darauf hallen vier Schüsse, und dann flüchtet das Rudel dicht gedrängt auf demselben Wechsel zurück.

Zehn Minuten mögen vergangen sein, da knallt es dort, wo das Wild verschwand, mehrmals, und das Rudel kommt abermals zurück. Ich zähle nur noch zwölf Stücke, der schwache Sechser, der den Schluss bildete, ist immer noch dabei.

Für kurze Zeit herrscht Ruhe. Ein Buntspecht klopft zehn Meter entfernt von meinem Ansitzbock an einem trockenen Kiefernast. Obwohl ich meinen Hals verdrehe, mir fast das Genick verrenke, dauert es mehrere Minuten, bis ich endlich die rasend schnellen Bewegungen des kleinen Spechtkopfes entdecke. Gleich darauf rutscht der Vogel um den Stamm herum auf die andere Seite, wo ich ihn nicht mehr sehen kann und setzt dort sein Klopfkonzert fort.

Nach einer Viertelstunde entspannten Lauerns, in der ich mich an den akrobatischen Flugspielen der Kolkraben erfreue, höre ich Wild auf mich zuprasseln und gehe mit der Büchse in diese Richtung in Anschlag. Im Gänsemarsch trollt auf vierzig Gänge das Rudel Rotwild erneut vorüber. Zweimal schieße ich, und zwei Stücke liegen auf der Schneise, bevor die anderen im Schutz einer Kiefernkussel wieder verschwinden.

Mir bleibt gerade Zeit, zwei neue Patronen in die Kammer zu drücken und zu repetieren, da höre ich, wie sie erneut zurückflüchten, sehe wie sie wieder hinter den Kiefern erscheinen und habe Zeit, noch einmal ein Tier und ein Kalb zu beschießen. Das Kalb liegt sofort, das Tier flüchtet noch bis zum Rand der Kiefern, wo es zusammenbricht, bevor die letzten acht des einstmals 17 Kopf starken Rudels zwischen den Bäumen in der nächsten Dickung verschwinden.

Gerade habe ich wieder hastig nachgeladen, da erscheint das Rudel erneut am Rand der Kiefern.

Durch die Schießerei und das Echo, den Nachhall der Schüsse und die ständige Flucht ist es in höchster Aufregung. Auf weniger als 30 Gänge erkenne ich, dass dem Leittier der Lecker aus dem Äser hängt, die Lichter weit aufgerissen sind und aus dem ganzen überdimensionalen weißgrauen Haupt große Erregung zu erkennen ist. Rauf und runter, nach links und nach rechts wendet sich der Windfang ratlos, ruhelos, auf menschliche Gefühle projiziert, wohl auch verzweifelt.

Aber das Tierreich kennt keine Hoffnungslosigkeit. Tiere geben bis zum letzten Ende nicht auf, so auch die Stücke vor mir.

Mich beeindruckt der Anblick des im höchsten Maße erregten Wildes dermaßen, dass ich den schwachen Sechser am Ende des nun so klein gewordenen Rudels verpasse.

Die Wildkörper waren so erhitzt, dass sie in der kalten Luft dampften. Das Wild bewegte sich in einer hellen Dunstwolke, die, von der Sonne beschienen, dem Ganzen etwas Unwirkliches, ja Geisterhaftes verlieh. Es war ein Bild, so einmalig, so wunderschön, dass es für kurze Zeit die ganze Härte des Überlebenskampfes in der Natur vergessen ließ.

Eine interessante Unterhaltung über die Jagdsitten und Gebräuche der Naturvölker kam mir beim Anblick des gehetzten Wildes in den Sinn. Ich führte sie vor einigen Jahren mit einem Buschmann während der Elefantenjagd in Afrika.

Ich hatte es damals abgelehnt, eine junge Giraffe „für den Topf" zu schießen, und eine Begründung fiel mir schwer. Da meinte mein dunkelhäutiger Jagdkumpan: „Mitleid ist ein Phänomen der Zivilisation, das wir uns nicht leisten können, wer bei uns Mitleid zeigt, kann nicht überleben."

Nicht alles, was schwarz ist,
ist gleich eine Sau,
drum, ehe du hinschießt,
besieh´ es genau.

Auch ich habe schon in meiner Kindheit gelernt: „Ohne Tod kein Leben, ohne Leben kein Tod.“ Auf dem Lande in einer Zeit und Umgebung groß geworden, in der der Tod noch nicht tabuisiert oder verdrängt wurde, als es noch selbstverständlich war, dass wir als Kinder beim Schlachten von Schweinen und Hühnern zusahen und mit Begeisterung halfen, war Jagd selbstverständlicher Teil des Familienlebens und Teil der dörflichen Gemeinschaft. Von Sentimentalitäten und Gefühlsduseleien auf der Jagd oder beim Jagen wähnte ich mich deshalb eigentlich immer frei, aber dennoch gab mir der Satz des Afrikaners zu denken.

Mit diesen Gedanken, den erregten Gesichtsausdruck des Tieres noch vor Augen, setze ich mich wieder auf mein Dreibein und will mir eine Pfeife stopfen, zumal in einer Viertelstunde „Hahn in Ruh“ geblasen wird – da hallt aus der Richtung, in die das Rudel flüchtete, ein Schuss mit anschließendem dumpfem Kugelschlag.

Ich wusste nicht, dass auf der anderen Seite der Dickung und so nahe zu meinem Stand auch ein Schütze postiert ist, zumal von dort bisher noch kein Schuss gefallen war.

Später vor der Strecke komme ich mit ihm ins Gespräch. Der aufgeschlossene Mann hatte erst im Frühjahr die Prüfung abgelegt und seinen ersten Jagdschein gelöst. Dies war die erste Gesellschaftsjagd, an der er teilnehmen durfte. Viel Rotwild sei ihm auf seinem Stand gekommen, aber er traute sich nicht, auf das sich immer in Bewegung befindliche Wild zu schießen, war schon fast verzweifelt, bis ihm kurz vor Ende der Jagd der schwache Hirsch kam. Ihn konnte er dann, als er verhoffte, erlegen.

Welche aufrichtige Begeisterung sprach aus den Worten des jungen, passionierten, glücklichen Jägers und seinem strahlenden Gesicht: Seine erste Jagdeinladung, sein erstes Stück Schalenwild, sein erster Hirsch! Und mit großer Beherrschung hatte er auf den Schuss gewartet, den er sich zutraute. Disziplin hatte sein Handeln bestimmt, nicht aber falsches Mitgefühl – das belegte die unverhohlene Freude über seine Beute! Manchem mag es merkwürdig erscheinen, aber wegen dieses Jägers und seines ersten Hirsches wird mir diese Jagd wohl unvergesslich bleiben.

Ein neuer Stand, ein anderer Nachbar.

Mit der Zeit habe ich ein Gefühl dafür bekommen, ob der mir zugeteilte Stand auf einer Drückjagd vom Jagdleiter um-

Nur dem gebührt der grüne Bruch
und ein geweihter Jägerspruch,
der waidgerecht das Wild erlegt,
sein Jägerkleid in Ehren trägt.

sichtig ausgewählt und vorbereitet wurde, ob an dieser Stelle Wild kommt oder ob es ein Platz ohne größere Erfolgsaussichten ist.

Im Dezember werde ich vor einigen Jahren im Hochholz postiert und bin mit der Auswahl meines Standes unzufrieden. Während sich der Jagdherr mit einigen Schützen von mir verabschiedet, schaue ich bereits in die Runde und male mir aus, von wo Wild zu erwarten ist.

Zwei tiefe Senken führen von links und rechts auf den Nachbarstand zu. „Wenn Wild kommt", so geht es mir durch den Sinn, „dann nimmt es gewiss diese Gräben an, kommt meinem Nachbarn, und ich habe das Nachsehen."

Noch bevor angeblasen ist, zieht eine Ricke mit ihren zwei Kitzen, immer wieder zurückäugend, durch die rechte Senke aus dem Treiben und lenkt mich von meinen nicht sehr fröhlichen Gedanken ab.

Mein Nachbarschütze hat zwischenzeitlich seinen Stand ebenfalls erreicht, winkt mir ausgelassen zu und verbindet dies mit einem ebenso fröhlichen wie lautstarken „Na, dann wollen wir mal sehen, was kommt." Ich schwenke ebenfalls meinen Hut und mache es mir dann auf meinem Sitzstock bequem, allerdings nicht so zufrieden mit mir und der Welt wie sonst auf der Jagd und sicherlich nicht so, wie es mein Nachbar zu sein scheint.

Der führt ebenfalls einen Kleinen Münsterländer. „Es ist das erste Mal, dass ich ihn auf einer Gesellschaftsjagd bei mir habe", meinte er bei der Begrüßung stolz zu mir und sonnte sich in den Blicken seiner Mitjäger, die den jungen quirligen Hund bewunderten.

Im Geiste habe ich schon abgeschrieben, in diesem Treiben zu Schuss zu kommen und ertappe mich immer wieder dabei, wie ich mehr erwartungsvoll zu meinem Nachbarn starre als vor mir in den Bestand, wo ich sowieso nicht mit Wild rechne.

Mein Nachbar, knapp 150 Schritt entfernt, repetiert seine Büchse durch, sodass das metallische Geräusch laut durch den Wald schallt. Dann wandert er etwa zehn Meter nach rechts, findet da aber offensichtlich auch keinen zusagenden Platz, wie ich seinen Selbstgesprächen entnehme, die bis zu meinem Stand zu hören sind. Er geht also zurück, macht einige Anschlagübungen und kommt dann meinem Stand bedenklich nahe, bis er offenbar endlich eine Stelle nach seinem Geschmack gefunden hat.

Aus den Augenwinkeln bemerke ich, dass er umständlich einen Jagdstock aufstellt, sich niederlässt und, weithin hörbar, aus seinem Rucksack ein Frühstückspaket fischt.

Da bemerke ich einen Fuchs, der in der Senke verschwindet. Behält er die Richtung bei, müsste er genau auf meinen Standnachbarn zuschnüren, der über dem Auspacken seiner Frühstücksmahlzeit den Rotrock nicht wahrgenommen hat.

Mein Nachbar hat sich wohl verschluckt, denn er räuspert sich stark – der Fuchs flüchtet auf mich zu und wird mit dem zweiten Schuss meine Beute.

Zwei, drei Stände weiter fällt wieder ein Schuss, und der Hund meines Nachbarn spielt verrückt, springt an seinem Herrn hoch und sein aufgeregtes Quiemen klingt bis zu mir herüber.

Mein Nebenmann lehnt nun mit seinem Rücken an einer übergehaltenen, mächtigen Buche. Vor ihm, offenbar nicht ganz erfassend, worauf sein Führer so gespannt wartet, der hoffnungsvolle Hundenachwuchs.

Noch ist nichts vom Lärm der Treiber zu vernehmen. Die Sonne zaubert kontrastreiche Schattierungen auf den Waldboden. Wohltuende Ruhe herrscht um mich herum.

Zwischen den Bäumen gleitet ein Schatten dahin, und plötzlich schimmert die helle gebänderte Brust eines Habichtweibes von einem der Bäume herüber. Fast unbemerkt ist der heimliche Jäger herangestrichen und fußt nun auf dem Aststummel einer der Kiefern, wie ich auf Beute lauernd.

Gerade noch habe ich völlig entspannt mit allen meinen Sinnen die Schönheit der Umgebung in mich aufgenommen, das „große Schauspiel Natur“ genossen, da wird diese Stimmung abrupt gestört, denn leises Gewinsel reißt mich aus meinen Gedanken, gefolgt von einem lauten „Willst du wohl!“ Der fröhliche Jagdbegleiter meines Nachbarn will aber nicht. Stattdessen versucht er, seinen Herrn zum Spielen zu animieren, und springt munter an ihm hoch.

Dem Hundeführer steht der Sinn aber weniger nach Tollen. Winselnd bewegt sich der verspielte Münsterländer hin und her und wird mit Worten, dann mit Rutendrohungen und milden Hieben, aber ohne sichtbaren Erfolg, zu gesetzterem Benehmen ermahnt.

Kurz macht sich wieder Stille breit, und ich gebe mich erneut dem Zauber des Naturgenießens an diesem sonnigen Herbsttag hin.

Da schreckt mich der Warnruf einer Amsel rechts von mir aus den Gedanken. Näher raschelt es im dürren Falllaub, und ein zweiter Fuchs kommt auf mich zugeschnürt, nachdem mein Standnachbar offensichtlich den Verdacht des roten Schlaumeiers erregt hat und er nun an meinem Stand vorbei den Balg in Sicherheit bringen will.

Nach meinem zu flink hingeworfenen Schuss flüchtet Reineke gesund durch das bunte Herbstlaub davon.

Dies quittiert der Kleine Münsterländer mit lautem Aufheulen, dem das nun schon vertraute „Willst du wohl!“ folgt. Dann tritt wieder Stille ein. Ich lausche angespannt in die Richtung, aus der entfernt die Rufe der Treiber dringen. Jedes Geräusch wird von mir registriert, „analysiert“ und wieder vergessen, wenn es nicht anflüchtendem Wild zuzuschreiben ist. „Willst du wohl!“, klingt es zwischendurch immer wieder von rechts.

Die Treiber rücken näher, und als ich mehr zufällig wieder einmal zu meinem Nachbarn schaue, der sich auf seinem Jagdstock niedergelassen hat, sehe ich, dass dieser bedächtig sein Gewehr hebt. In diesem Augenblick fährt jedoch in gewal-

Es ist alle Tage Jagdtag,
aber nicht alle Tage Fangtag.

tigem Ansprung seine Hündin nach vorn – in dem Prüfungsfach Aufmerksamkeit hätte sie gewiss die Bestnote „vorzüglich" verdient –, sodass ihr Herr ernsthafte Probleme mit dem Gleichgewicht bekommt. Sein Jagdstuhl gerät ins Wanken, und mit weit abgewinkelten Armen versucht der Mann, Balance zu halten, was sein vierläufiger Begleiter erneut und schließlich auch mit wahrhaft umwerfendem Erfolg als Aufforderung zum Spiel versteht.

All das beobachte ich lediglich aus den Augenwinkeln. – Mein Hauptaugenmerk gilt nämlich einer Rotte Sauen, die ursprünglich durch den Graben beim Stand meines Nachbarn das Treiben verlassen wollte, es dann aber doch vorzieht, abzubiegen. In letzter Sekunde komme ich noch auf einen Frischling zu Schuss, der ihn ins herbstlich bunte Laub wirft.

Kurz vor Ende des Treibens will sich dann ein Überläufer zwischen unseren Ständen in Sicherheit bringen. Anbacken, Mitschwingen, Abdrücken sind eine viele hundert Male durchexerzierte fließende Bewegung. Die Sau sackt im lauten Knall zusammen, und zufrieden will ich mich wieder auf mein Dreibein setzen.

Mein Nachbar war, wie ich sehe, ebenfalls in Anschlag gegangen, senkt sein Gewehr und winkt mir freudig aufgeregt zu. Huldvoll grüße ich zurück.

Als das Treiben vorüber ist, treffen sich zwei Jäger mit ihren Hunden bei dem verendeten Überläufer zwischen den beiden Ständen. „Mannomann, war der schnell, ich dachte schon, den habe ich wohl gefehlt“, empfängt mich mein Nachbar. Jetzt wird mir erst klar, dass er mit mir a tempo geschossen hat.

Meiner Sache völlig sicher untersuche ich das Stück, drehe es zweimal auf die andere Seite, und finde trotzdem nur einen Ein- und Ausschuss, sodass kein Zweifel bleibt und ich kleinlaut gestehen muss: Die Sau wurde von meinem Nachbarn getroffen. Und ich wünsche dem Schützen Waidmannsheil.

Bildtexte von BURKHARD WINSMANN-STEINS

S. 6/7 Von solch einem Anlauf träumt jeder Saujäger – in so einem Stangenholz zu treffen, ist allerdings eine andere Sache!

8/9 Ein verheißungsvoller Jagdtag beginnt!

10/11 Jäger und Hunde können den Beginn der Jagd kaum erwarten.

12/13 Oft erscheint zuerst schon der Fuchs und wird pardoniert.

14/15 Nach Einnehmen des Standes darf geladen werden! – Hochflüchtige Rotte: Welcher Frischling ist frei? – „Fliegende" Keiler retten oft ihre Schwarte: Auch dieser wurde gefehlt!

16/17 Nerven bewahren und schnell repetieren: So gut kommen sie selten! (Ohne leuchtendes Hutband: Dieses und viele andere Bilder im Buch entstanden vor Inkrafttreten der neuen UVV.)

18/19 Hier lässt es sich wohl länger aushalten ...

20/21 Hochflüchtige Bache – Begrüßung vor dem Gutshaus

22/23 Der Keiler ist gestellt. Den Fangschuss sollte immer nur der Hundeführer selbst geben!

24/25 Selten zu sehen: der Einschuss auf dem Blatt kurz nach der Schussabgabe – Frischlinge „an der Perlenschnur"

26/27 Der Schuss auf hochflüchtige Frischlinge ist nicht leicht: Ungeübte lassen da besser die Kugel im Lauf. – Bache im „Überflug" – Terrier zausen der erlegten Kujel.

28/29 Achtung: Im Hintergrund steht der Nachbarschütze!

30/31 Die Rotte bricht durch! – Ein Hauptschwein überfällt die Gasse.

32/33 Der Frischling liegt. Ist der Keiler alt genug? – Gespannte Aufmerksamkeit: Warum rätschte der Häher?

34/35 Sind nur Frischlinge frei, hat man hier wenig Auswahl. – Am wärmenden Feuer zwischen Treiben

37 Diesen Überläufer haben die Hunde flott gemacht.

38/39 Guter Anblick, aber wenig Schussfeld

41 Der Bail der Hunde kommt näher!

42/43 Der Frischling rolliert im Schuss.

44/45 Bei flüchtigen Rehen bleibt der Finger besser gerade!

46/47 Da ist der Keiler verschwunden! – Ist nach dem Suhlen die Schwarte des Bassen wieder getrocknet, kann es bei einem Treffer schon einmal stauben ...

48/49 Nur eine Zielübung

50/51 Die Lauscher sind bereits gespitzt! – Das Anstellen muss deshalb so lautlos wie möglich erfolgen.

52/53 Nach getaner Arbeit ist der Deutsch-Kurzhaar erschöpft. – Ein typischer IIb-Schaufler flüchtet vor der Treiberwehr.

54/55 Drückjagdleitern erhöhen in ebenem Gelände die Sicherheit, in kuppiertem Gelände steht mancher Jäger aber lieber am Boden. – Was ist Alttier, was Schmaltier?

56/57 Im Damwildrevier: Ein prächtiger Anblick!

58/59 Jetzt müsste man eine Flinte haben!

61 Wer schon einmal bei minus zehn Grad eine Strecke verblasen hat, kann diesen jungen Jäger verstehen ...

62/63 Oben: Stimmungsvoll, aber wer soll hier etwas sehen? – In dichtem Unterholz werden Schüsse schnell zur Glückssache.

64/65 Der Keiler war bereits einmal beschossen worden und erhielt auch von diesem Schützen eine Kugel – *nach* Überfallen des Weges. Eine ungefährliche Situation: Die Tele-Perspektive täuscht!

66/67 Auch das muss sein: Wohlverdiente Pause nach dem ersten Treiben.

68/69 Das Alttier ist tabu! Ein Kalb bekommt die Kugel.

70/71 Die Warnhalsbänder sind angelegt: Das Kurzhaar-Teckel-Quartett ist voll gespannter Erwartung.

72/73 Nach der Jagd zieht es die Jäger ans wärmende Feuer.

74/75 Jetzt nur keinen Fehler machen!

76/77 Wildtransport: Der Traktor hat die Pferdekutschen früherer Zeit abgelöst. – Der Anschuss ist gefunden, jetzt wird auf den Jagdleiter gewartet.

78/79 Wer will da noch einen sicheren Schuss anbringen? – Die Drückjagd ist sein Einsatzgebiet: Deutscher Wachtelhund.

80/81 Typisches Rehwildverhalten auf der Drückjagd: Kurze Fluchten, immer wieder Verhoffen und Neuorientierung. – Für die Saujagd sind viele Hunderassen geeignet, wenn sie Schärfe mitbringen.

82/83 An Schießen ist in diesem Moment nicht zu denken: Nur die Bache ist frei.

84/85 Sauen aller Größen überfallen den Holzabfuhrweg: Ein Frischling bekommt eine saubere Kugel!

86/87 Nach fünf Kilometern Riemenarbeit kommt das Nachsuchengespann endlich an die waidwunde Sau. Nach kurzer Hetzte stellt der Hannoversche Schweißhund, dann fällt der erlösende Fangschuss.

88/89 Bedrückte Mienen: Dieser waidwund geschossene Basse von 167 kg nahm bei der Nachsuche einen Jäger an, warf ihn zu Boden und verletzte ihn schwer am Oberschenkel. Der Bayerische Gebirgsschweißhund lenkte den Urian zum Glück ab, sodass der Fangschuss gegeben werden konnte. Der Jäger wurde mehrere Tage stationär behandelt …

90/91 Vorsicht: Bache!

92/93 Oben: Die letzten Sonnenstrahlen im Märchenwald – Nach der tödlichen Kugel furcht der Keiler den Schnee.

94/95 Ein „Keilerstand"?

96/97 Wie eine Rakete saust der Watz über die Schneise! Der Schuss ging vorbei …

98/99 Schwache Frischlinge stellen an alle Schützen die höchsten Anforderungen. – Im Schuss rutscht das „hauende Schwein" zusammen.

100/101 Wintersonne: Auch auf der Drückjagd gibt es besinnliche Momente.

102/103 Im Reinhardtswald wird eine ansehnliche Strecke feierlich verblasen.

104/105 Die Kugel galt dem Überläufer, geht aber in einen Baum. Der „Splittersegen" ist unberechenbar! – „Müde ist der Jägersmann/oft vom vielen Laufen/öfter aber, dann und wann, auch vom vielen …"

106/107 Ein wahres Hauptschwein kommt zur Strecke, und ein junger Jäger ist überglücklich.

108/109 Eine Rotte grober Sauer durchbricht die Schützenkette. Ein Schuss des Nachbarn „wirbelt nur Staub auf".

110/111 Schwarzspecht und Damspießer

112/113 Wenn die Nimrode bei solchem Wetter noch strahlen können, dann muss das Treiben gut gewesen sein.

114/115 Winterliche Gewitterstimmung im Solling

116/117 Wann geht's endlich los? Spannung bei Hundeführern und Hunden …

118/119 Blaumeisen sieht man auch in der winterkahlen Zeit. – Eine typische Bache verlässt das Treiben.

120/121 Meister Lampe scheint zu wissen, dass er heute nichts zu befürchten hat … – dann wird's ihm doch zu bunt.

122/123 Ein starker Keiler bekommt eine saubere Kugel. Aufgebrochen wog er 157 Kilo, und das Gewaff konnte sich sehen lassen!

124/125 Gut kommt der Keiler … – In einer Staubwolke verendet der Frischling.

126/127 Graugänse: Ein schöner, in Norddeutschland aber längst nicht mehr seltener Anblick. – Familienverband aus Damtier, Damschmaltier und -kalb.

128/129 Die Drückjagd ganz in seinem Element: Jagender Deutscher Wachtelhund.

130/131 Oben: Aufgepasst, der Jagdleiter spricht! – Eine kranke Sau muss nachgesucht werden, der Schweißhund wird „verpackt": Sicher ist sicher …

132/133 Typische Jagdszene im waldarmen Holstein: Oft flüchtet das Wild über die Kuhweiden. – „Meister Reineke": schnell und gewitzt!

134/135 Wenn sich das Rehwild wie hier präsentiert, ist es gut anzusprechen und sauber zu erlegen. – Ausschwärmen der Hundeführer

136/137 „Katz und Maus" spielt das Rehwild gern mit den Hunden. Da tut etwas Fürsorge gut …

138/139 So einen langen Pürzel hat kein Frischling! – Parforcehörner sieht man nicht oft auf der Drückjagd.

140/141 Verständigung mit dem Nachbarn ist ein unbedingtes Gebot der Sicherheit!

142/143 Das Kahlwild hat den Schützen eräugt. Jetzt muss schnell gehandelt werden.

144/146 Geht es um Rotwild, sollte der Stand besser gedeckt sein …

146/147 Pech! Schon beim Anstellen verlassen die Sauen das Treiben. – Ein Überläufer erhält die Kugel

148/149 Stiebender Schnee und ein blitzsauberer Schuss: Wie im Lehrbuch geht die Sau „über Kopf".

150/151 (Drück)Jagd ohne Hund ist Schund!

152/153 Man kann seine Augen schließlich nicht überall haben …

154/155 Jagd vorbei. Halali!

Umschlag von eStudio Calamar,
Umschlagfotos von Burkhard Winsmann-Steins

Mit 143 Farbfotos und einem Schwarzweiß-Foto von Burkhard Winsmann-Steins

Verlag und Autoren weisen darauf hin, dass zahlreiche Fotografien in diesem Buch vor Inkrafttreten der neuen Unfallverhütungsvorschriften Jagd am 1. Januar 2000 entstanden sind. Auf den betreffenden Bildern tragen die abgebildeten Personen deshalb teilweise keine Signalfarben, wie es nach der derzeit gültigen UVV Pflicht ist.

Bibliografische Information Der Deutschen Bibliothek
Die Deutsche Bibliothek verzeichnet diese Publikation in der Deutschen Nationalbibliografie; detaillierte bibliografische Daten sind im Internet über http://dnb.ddb.de abrufbar.

Alle Angaben in diesem Buch erfolgen nach bestem Wissen und Gewissen.Sorgfalt bei der Umsetzung ist indes dennoch geboten. Der Verlag und der Autor übernehmen keinerlei Haftung für Personen-, Sach- oder Vermögensschäden, die aus der Anwendung der vorgestellten Materialien und Methoden entstehen könnten.

Gedruckt auf chlorfrei gebleichtem Papier

1. Auflage

ISBN 3-440-09694-7
Bild und Textredaktion: Ekkehard Ophoven
Produktion: Markus Schärtlein
Printed in Slovakia/Imprime en Slovaquie